普通高等教育土木工程学科精品规划教材（学科基础课适用）

土木工程施工

CONSTRUCTION OF CIVIL ENGINEERING

（下册）

丁红岩　主　编

张浦阳　副主编

张　磊　参　编

戎　贤　主　审

天津大学出版社
TIANJIN UNIVERSITY PRESS

内容提要

本书是"普通高等教育土木工程学科精品规划教材"之一,按照全国高等学校土木工程学科专业指导委员会编制的《高等学校土木工程本科指导性专业规范》中所规定的知识单元编写而成。

全书分上、下两册,共16章,上册包括绪论,土方工程,地基处理、基础和基坑工程,砌筑工程,混凝土结构工程施工,预应力结构施工,脚手架工程及垂直运输设备,结构安装工程,共8章;下册包括施工组织设计,工程网络计划,施工组织总设计与单项(位)施工组织设计,施工组织设计案例,冬雨季施工技术,防水工程,建筑节能工程,钢结构工程,共8章。全书结合理论给出相应的实例分析,每章(第12章除外)最后附有复习思考题,供学生巩固、提高所学内容之用。

本书可作为土木工程专业和工程管理专业本科生的专业基础课教材,也可供专业技术人员参考。

图书在版编目(CIP)数据

土木工程施工.下册/丁红岩主编.—天津:天津大学出版社,2014.12

普通高等教育土木工程学科精品规划教材.学科基础课适用

ISBN 978-7-5618-5251-4

Ⅰ.①土… Ⅱ.①丁… Ⅲ.①土木工程 – 工程施工 – 高等学校 – 教材 Ⅳ.①TU7

中国版本图书馆 CIP 数据核字(2015)第 008066 号

出版发行	天津大学出版社
出 版 人	杨欢
地　　址	天津市卫津路 92 号天津大学内(邮编:300072)
电　　话	发行部:022-27403647
网　　址	publish.tju.edu.cn
印　　刷	天津市蓟县宏图印务有限公司
经　　销	全国各地新华书店
开　　本	185mm × 260mm
印　　张	14.75
字　　数	368 千
版　　次	2015 年 2 月第 1 版
印　　次	2015 年 2 月第 1 次
定　　价	39.00 元

普通高等教育土木工程学科精品规划教材

编写委员会

主　任:姜忻良

委　员:(按姓氏汉语拼音排序)

总序

随着我国高等教育的发展,全国土木工程教育状况有了很大的发展和变化,教学规模不断扩大,对适应社会的多样化人才的需求越来越紧迫。因此,必须按照新的形势在教育思想、教学观念、教学内容、教学计划、教学方法及教学手段等方面进行一系列的改革,而按照改革的要求编写新的教材就显得十分必要。

高等学校土木工程学科专业指导委员会编制了《高等学校土木工程本科指导性专业规范》(以下简称《规范》),《规范》对规范性和多样性、拓宽专业口径、核心知识等提出了明确的要求。本丛书编写委员会根据当前土木工程教育的形势和《规范》的要求,结合天津大学土木工程学科已有的办学经验和特色,对土木工程本科生教材建设进行了研讨,并组织编写了"普通高等教育土木工程学科精品规划教材"。为保证教材的编写质量,我们组织成立了教材编审委员会,聘请全国一批学术造诣深的专家作教材主审,同时成立了教材编写委员会,组成了系列教材编写团队,由长期给本科生授课的具有丰富教学经验和工程实践经验的老师完成教材的编写工作。在此基础上,统一编写思路,力求做到内容连续、完整、新颖,避免内容重复交叉和真空缺失。

"普通高等教育土木工程学科精品规划教材"将陆续出版。我们相信,本套系列教材的出版将对我国土木工程学科本科生教育的发展与教学质量的提高以及土木工程人才的培养产生积极的作用,为我国的教育事业和经济建设作出贡献。

丛书编写委员会

土木工程学科本科生教育课程体系

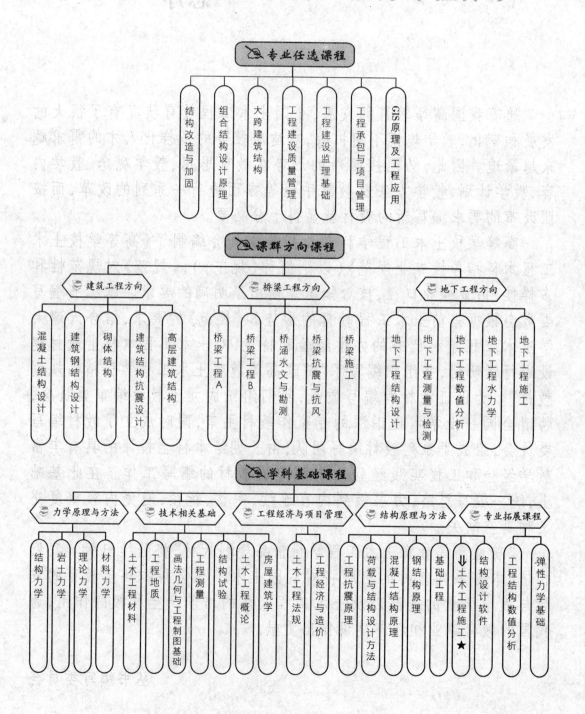

前言

　　"土木工程施工"是土木工程和工程管理专业的一门主要的专业基础课。本课程的主要任务是研究建筑施工技术的应用与施工组织的方法。通过对本课程进行系统的学习,学生将掌握综合运用知识解决实际问题的能力,为将来从事施工现场管理工作打下良好的基础。

　　本书系统介绍了施工技术和组织设计的有关概念、内容和方法,并结合理论给出相应的实例分析,理论与实践相结合,通俗易懂,方便读者学习。本书编写中对目前项目施工中较为关注的施工新技术、施工新方法以及安全生产、文明施工及环境保护等组织管理进行了重点讲述,突出了理论与实际相结合。通过大量的图片和数据生动形象地说明施工技术和施工组织的过程,可以说是本书的一个特色。

　　全书分上、下两册,共16章,上册包括绪论,土方工程,地基处理、基础和基坑工程,砌筑工程,混凝土结构工程施工,预应力结构施工,脚手架工程及垂直运输设备,结构安装工程,共8章;下册包括施工组织设计,工程网络计划,施工组织总设计与单项(位)施工组织设计,施工组织设计案例,冬雨季施工技术,防水工程,建筑节能工程,钢结构工程,共8章。全书结合理论给出相应的实例分析,每章最后附有复习思考题,供学生巩固、提高所学内容之用。

　　本书由天津大学丁红岩担任主编,天津大学张浦阳担任副主编,天津大学张磊参编,河北工业大学戎贤教授担任主审。在本书的编写过程中,我们参考了相关专家和学者的著作,在此表示感谢!

　　由于我们经验不足,理论水平有限,书中难免有不少的缺点、错误和不足,诚挚希望读者提出宝贵意见,给予批评指正。

编者

2014 年 10 月

目　　录

第9章 施工组织设计

9.1 施工组织设计概述

施工组织设计是以工程项目为对象而编制的施工组织计划，或简称施工计划。施工组织设计是指导施工组织与管理、施工准备与实施、施工控制与协调、资源配置与使用的技术经济文件，是对施工活动的全过程进行科学管理的重要手段。

投标阶段编制的施工组织设计，反映施工企业的综合实力，是实现中标、提高市场竞争力的重要途径。

工程实施阶段编制的施工组织设计，是实现科学管理、提高工程质量、降低工程成本、加快工程进度、预防安全事故的可靠保证。

9.1.1 施工准备工作

建设项目施工前的准备工作是保证工程施工与安装顺利进行的重要环节，它直接影响工程建设的速度、质量、生产效率以及经济效益，因此必须予以重视。

施工准备工作是为各个施工环节在事前创造必需的施工条件，这些条件是根据细致科学的分析和多年积累的施工经验确定的。制定施工准备工作计划要有一定的预见性，以利于排除一切在施工中可能出现的问题。

施工准备工作不是一次性的，而是分阶段进行的。开工前的准备工作比较集中并很重要，随着工程的进展，各个施工阶段、各分部分项工程及各工种施工之前，也都有相应的准备工作。准备工作贯穿整个工程建设的全过程，每个阶段都有不同的内容和要求，对各阶段的施工准备工作应指定专人负责和逐项检查。在施工组织设计文件中，必须列入施工准备工作占用的时间，对大型或技术复杂的工程项目，要专门编制施工准备工作的进度计划。

1. 施工准备工作分类

1）按准备工作范围分

Ⅰ. 全场性施工准备

全场性施工准备是以一个建设项目为对象而进行的各项施工准备，其目的和内容都是为全场性施工服务的。它不仅要为全场性的施工活动创造有利条件，而且要兼顾单项工程施工条件的准备。

Ⅱ. 单项（位）工程施工条件准备

单项（位）工程施工条件准备是以一个建筑物或构筑物为对象而进行的施工准备，其目的和内容都是为该单项（位）工程服务的。它既要为单项（位）工程做好开工前的一切准备，又要为其分部（项）工程施工进行作业条件的准备。

Ⅲ. 分部（项）工程作业条件准备

分部（项）工程作业条件准备是以一个分部（项）工程或冬、雨季施工工程为对象而进行的作业条件准备。

2)按工程所处施工阶段分

Ⅰ.开工前的施工准备工作

开工前的施工准备工作是在拟建工程正式开工前所进行的一切施工准备,其目的是为工程正式开工创造必要的施工条件。它既包括全场性的施工准备,又包括单项工程施工条件的准备。

Ⅱ.开工后的施工准备工作

开工后的施工准备工作是在拟建工程开工后,每个施工阶段正式开始之前所进行的施工准备。如混合结构住宅的施工,通常分为地下工程、主体结构工程和装饰工程等施工阶段,每个阶段的施工内容不同,其所需物资技术条件、组织要求和现场布置等方面也不同,因此必须做好相应的施工准备。

2.施工准备工作内容

1)技术准备

Ⅰ.认真做好扩大初步设计方案的审查工作

任务确定以后,应提前与设计单位结合,掌握扩大初步设计方案编制情况,使方案的设计在质量、功能、工艺技术等方面均能适应建材、建工的发展水平,为施工扫除障碍。

Ⅱ.熟悉和审查施工图纸

(1)施工图纸是否完整和齐全,施工图纸是否符合国家有关工程设计和施工的方针及政策。

(2)施工图纸与其说明书在内容上是否一致,施工图纸及其各组成部分间有无矛盾和错误。

(3)建筑图与其相关的结构图,在尺寸、坐标、标高和说明方面是否一致,技术要求是否明确。

(4)熟悉工业项目的生产工艺流程和技术要求,掌握配套投产的先后次序和相互关系;审查设备安装图纸及与其相配合的土建图纸在坐标和标高尺寸上是否一致,土建施工的质量标准能否满足设备安装的工艺要求。

(5)基础设计或地基处理方案与建造地点的工程地质和水文地质条件是否一致,弄清建筑物与地下构筑物、管线间的相互关系。

(6)掌握拟建工程的建筑和结构的形式和特点,确定需要采取哪些新技术;复核主要承重结构或构件的强度、刚度和稳定性能否满足施工要求;对于工程复杂、施工难度大和技术要求高的分部(项)工程,审查现有施工技术和管理水平能否满足工程质量和工期要求;建筑设备及加工订货有何特殊要求等。

Ⅲ.原始资料调查分析

Ⅰ)自然条件调查分析

自然条件调查分析包括建设地区的气象、建设场地的地形、工程地质和水文地质、施工现场地上和地下障碍物状况、周围民宅的坚固程度及其居民的健康状况等各项调查,为编制施工现场的"五通一平"计划提供依据,如表9-1所示。

表 9 - 1 气象、地形、地质和水文调查内容表

项目	调查内容	调查目的
气温	1. 年平均温度,最高、最低温度,最冷、最热月的逐月平均温度,结冰期,解冻期; 2. 冬、夏室外计算温度; 3. 小于或等于 -3℃、0℃、+5℃的天数以及起止时间	1. 防暑降温; 2. 冬季施工; 3. 混凝土、灰浆强度增大
降雨	1. 雨季起止时间; 2. 全年降水量,昼夜最大降水量; 3. 年雷暴日数	1. 雨季施工; 2. 工地排水、防洪; 3. 防雷
风	1. 主导风向及频率; 2. 大于或等于 8 级风全年天数及时间	1. 布置临时设施; 2. 高空作业及吊装措施
地形	1. 区域地形图; 2. 场址地形图; 3. 该区的城市规划; 4. 控制桩、水准点的位置	1. 选择施工用地; 2. 布置施工总平面图; 3. 现场平整土方量计算; 4. 障碍物及数量
地震	烈度大小	1. 对地基影响; 2. 施工措施
地质	1. 钻孔布置图; 2. 地质剖面图(土层特征及厚度); 3. 地质的稳定性、滑坡、流砂、冲沟; 4. 物理力学指标,包括天然含水率、天然孔隙比、塑性指数、压缩试验; 5. 最大冻结深度; 6. 地基土强度结论; 7. 地基土破坏情况,土坑、枯井、古墓、地下构筑物	1. 土方施工方法的选择; 2. 地基处理方法; 3. 基础施工; 4. 障碍物拆除计划; 5. 复核地基基础设计
地下水	1. 最高、最低水位及时间; 2. 流向、流速及流量; 3. 水质分析; 4. 抽水试验	1. 土方施工; 2. 基础施工方案的选择; 3. 降低地下水位; 4. 侵蚀性质及施工注意事项
地面水	1. 临近的江河湖泊及距离; 2. 洪水、平水及枯水时期; 3. 流量、水位及航道深; 4. 水质分析	1. 临时给水; 2. 航运组织; 3. 水工工程

Ⅱ)技术经济条件调查分析

技术经济条件调查分析包括地方建筑生产企业、地方资源、交通运输、水电及其他能源、主要设备、国拨材料和特种物资以及它们的生产能力等各项调查。

Ⅳ. 编制施工组织设计

拟建工程应根据工程规模、结构特点和建设单位要求,编制指导该工程施工全过程的施工组织设计。

2)物资准备

Ⅰ. 物资准备工作内容

Ⅰ)建筑材料准备

根据施工预算的材料分析和施工进度计划的要求,编制建筑材料需要量计划,为施工备

料、确定仓库和堆场面积以及组织运输提供依据。

Ⅱ)构(配)件和制品加工准备

根据施工预算所提供的构(配)件和制品加工要求,编制相应计划,为组织运输和确定堆场面积提供依据。

Ⅲ)建筑施工机具准备

根据施工方案和进度计划的要求,编制施工机具需要量计划,为组织运输和确定机具停放场地提供依据。

Ⅳ)生产工艺设备准备

按照生产工艺流程及其工艺布置图的要求,编制工艺设备需要量计划,为组织运输和确定堆场面积提供依据。

Ⅱ.物资准备工作程序

(1)编制各种物资需要量计划。

(2)签订物资供应合同。

(3)确定物资运输方案和计划。

(4)组织物资按计划进场和保管。

3)劳动组织准备

Ⅰ.建立施工项目领导机构

根据工程规模、结构特点和复杂程度,确定施工项目领导机构的人选和名额;遵循合理分工与密切协作、因事设职与因职选人的原则,建立有施工经验、有开拓精神和工作效率高的施工项目领导机构。

Ⅱ.建立精干的工作队组

根据采用的施工组织方式,确定合理的劳动组织,建立相应的专业或混合工作队组。

Ⅲ.集结施工力量,组织劳动力进场

按照开工日期和劳动力需要量计划,组织工人进场,安排好职工生活,并进行安全、防火和文明施工等教育。

Ⅳ.做好职工入场教育工作

为落实施工计划和技术责任制,应按管理系统逐级进行交底。交底内容通常包括:工程施工进度计划和月、旬作业计划;各项安全技术措施,降低成本措施和质量保证措施,质量标准和验收规范要求,设计变更和技术核定事项等,必要时进行现场示范,同时健全各项规章制度,加强遵纪守法教育。

4)施工现场准备

Ⅰ.施工现场控制网测量

根据给定永久性坐标和高程,按照建筑总平面图要求,进行施工场地控制网测量,设置场区永久性控制测量标桩。

Ⅱ.做好"五通一平"

确保施工"五通一平",即水通、电通、气通、通信通、道路通和场地平整;按消防要求,设置足够数量的消火栓。

Ⅲ.建设工地生产、生活性临建设施

(1)混凝土、砂浆搅拌站及钢筋加工、模板加工、材料仓库、配电房等生产临建设施规模、位置的确定及搭设。

（2）办公（含甲方及监理）、宿舍、食堂、浴室、厕所等生活临建设施规模、位置的确定及搭设。

（3）施工入口的位置、场内道路做法及交通组织方式的确定及施工。

（4）材料、设备和周转材料的堆场位置及堆放方式。

（5）施工设备的就位（塔吊的位置及行走方式，混凝土搅拌站的工艺布置及后台上料方式）和调试。

Ⅳ. 组织施工机具进场

根据施工机具需要量计划，按施工平面图要求，组织施工机械、设备和工具进场，按规定地点和方式存放，并应进行相应的保养和试运转等各项工作。

Ⅴ. 组织建筑材料进场

根据建筑材料、构（配）件和制品需要量计划，组织其进场，按规定地点和方式储存或堆放。

Ⅵ. 拟定有关试验、试制项目计划

建筑材料进场后，应进行各种材料的试验、检验。对于新技术项目，应拟定相应试制和试验计划，并均应在开工前实施。

Ⅶ. 做好季节性施工准备

按照施工组织设计要求，认真落实冬施、雨施和高温季节施工项目的施工设施和技术组织措施。

Ⅷ. 对拟采用的新工艺、新材料、新技术进行试验、检验和技术鉴定

建设主管部门要求工地必须设置"七牌一图"，即工程概况牌、施工人员概况牌、安全六大纪律牌、安全生产技术牌、十项安全措施牌、防火须知牌、卫生须知牌与现场平面布置图。

现场封闭方案（围墙）的七牌一图、防火安全、噪声治理、场地排水及污水处理等，如图9-1、图9-2和图9-3所示。

图9-1 施工现场平面布置图

图9-2 工地消防设施

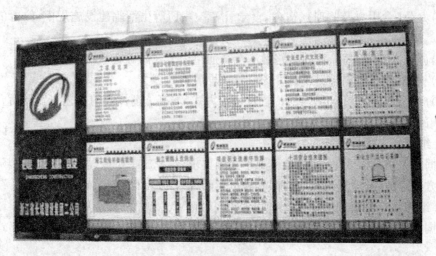

图 9 - 3　施工现场的"七牌一图"

5)施工场外协调

Ⅰ.材料加工和订货

根据各项资源需要量计划,同建材加工和设备制造部门或单位取得联系,签订供货合同,保证按时供应。

Ⅱ.施工机具租赁或订购

对于本单位缺少且需用的施工机具,应根据需要量计划,同有关单位签订租赁合同或订购合同。

9.1.2　施工组织设计工作

1.施工组织设计类型

施工组织设计是以施工项目为对象编制的,用以指导其施工全过程各项施工活动的技术、经济、组织、协调和控制的综合性文件。根据施工项目类型不同,施工组织设计可分为施工组织设计大纲、施工组织总设计、单项(位)工程施工组织设计和分部(项)工程施工组织设计。

1)施工组织设计大纲

施工组织设计大纲是以一个投标工程项目为对象进行编制,用以指导其投标全过程各项实施活动的技术、经济、组织、协调和控制的综合性文件。它是编制工程项目投标书的依据,其目的是中标。其主要内容包括项目概况、施工目标、施工组织、施工方案、施工进度、施工质量、施工成本、施工安全、施工环保和施工平面等计划及其施工风险防范。它是编制施工组织总设计的依据。

2)施工组织总设计

施工组织总设计是以一个建设项目为对象进行编制,用以指导其建设全过程各项全局性施工活动的技术、经济、组织、协调和控制的综合性文件。它是经过招投标确定了总承包单位之后,在总承包单位的总工程师主持下,会同建设单位、设计单位和分包单位的相应工程师共同编制的。其主要内容包括建设项目概况、施工总目标、施工组织、施工部署、施工方案、施工准备工作、施工总进度、施工总质量、施工总成本、施工总安全、施工总资源、施工总环保和施工总设施等计划及其施工总风险防范、施工总平面和主要技术经济指标。它是编制单项(位)工程施工组织设计的依据。

3)单项(位)工程施工组织设计

单项(位)工程施工组织设计是以一个单项或其中一个单位工程为对象进行编制,用以指导其施工全过程各项施工活动的技术、经济、组织、协调和控制的综合性文件。它是在签订相应工程施工合同之后,在项目经理组织下,由项目工程师负责编制的。其主要内容包括工程概况、施工组织、施工方案、施工准备工作、施工进度、施工质量、施工成本、施工安全、施工资源、施工环保和施工设施等计划及其施工风险防范、施工平面布置和主要技术经济指标。它是编制分部(项)工程施工组织设计的依据。

4)分部(项)工程施工组织设计

分部(项)工程施工组织设计是以一个分部工程或其中一个分项工程为对象进行编制,用以指导其各项作业活动的技术、经济、组织、协调和控制的综合性文件。它是在编制单项(位)工程施工组织设计的同时,由项目主管技术人员负责编制的,作为该项目专业工程具体实施的依据。

2. 施工组织设计编制原则

(1)认真贯彻国家工程建设的法律、法规、规程、方针和政策。

(2)严格执行工程建设程序,坚持合理的施工程序、施工顺序和施工工艺。

(3)采用现代建筑管理原理、流水施工方法和网络计划技术,组织有节奏、均衡和连续的施工。

(4)优先选用先进施工技术,科学确定施工方案,认真编制各项实施计划,严格控制工程质量、工程进度、工程成本和安全施工。

(5)充分利用施工机械和设备,提高施工机械化、自动化程度,改善劳动条件,提高生产率。

(6)扩大预制装配范围,提高建筑工业化程度,科学安排冬期和雨期施工,保证全年施工均衡性和连续性。

(7)坚持"安全第一,预防为主"原则,确保安全生产和文明施工。

(8)尽可能利用永久性设施和组装式施工设施,努力减少施工设施建造量,科学规划施工平面,减少施工用地。

9.2 施工组织流水作业

9.2.1 流水施工方法概述

在工程建设中,流水作业是组织施工时广泛运用的一种科学的有效方法。流水作业法能使工程连续和均衡施工,使工地的各种业务组织安排比较合理,可为文明施工创造条件,还可以降低工程成本和提高经济效益。它是施工组织设计中编制施工进度计划、调配劳动力、提高建筑施工组织与管理水平的理论基础。

组织工程施工一般有依次施工、平行施工和流水施工三种方式。

1. 依次施工

依次施工是将整个拟建工程分解成若干施工过程,按照施工顺序,前一个施工过程完成后,后一个施工过程才开始施工。这是一种最基本、最原始的施工组织方式。因此,当分项工程的施工作业面较大而各专业施工队人数又不多时,必然拉长工期。如图9-4所示基础工程的依次施工需要20天工期。

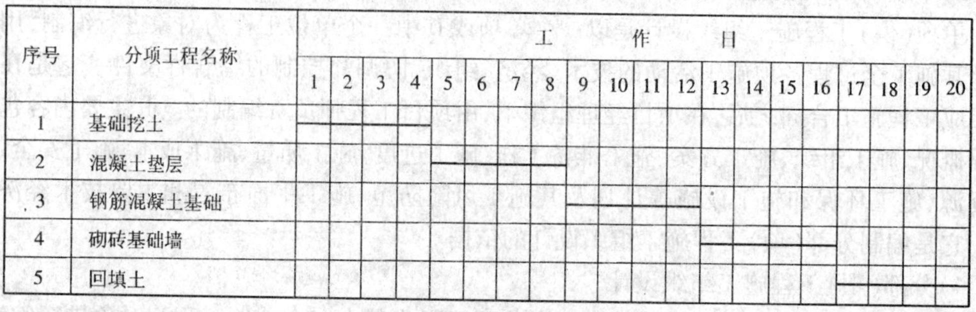

序号	分项工程名称	工作日																			
		1	2	3	4	5	6	7	8	9	10	11	12	13	14	15	16	17	18	19	20
1	基础挖土	■	■	■	■																
2	混凝土垫层					■	■	■	■												
3	钢筋混凝土基础									■	■	■	■								
4	砌砖基础墙													■	■	■	■				
5	回填土																	■	■	■	■

图9-4　基础工程依次施工的进度计划

依次施工的特点:不能充分利用工作面,工期长;不适用于专业化施工,不利于改进施工工艺、提高工程质量、提高工人操作技术水平和劳动生产率;如采用专业施工队则不能连续施工,窝工严重或调动频繁;单位时间内投入的资源较少;施工现场组织和管理简单。

2. 平行施工

平行施工是将几个相同的施工过程,分别组织几个相同的工作队,在同一时间、不同的空间上平行进行施工。

平行施工的特点:充分利用了工作面,缩短了工期;适用于综合施工队施工,不利于提高工程质量和劳动生产率;如采用专业施工队则不能连续施工;单位时间内投入的资源成倍增加,现场临时设施也相应增加;现场施工组织、管理、协调、调度复杂。

3. 流水施工

流水施工首先要将房屋工程划分成若干分部工程,如基础工程、砌砖工程、装饰工程等;各分部工程又可划分成若干分项工程,如基础分部工程可分成基础挖土、混凝土垫层、钢筋混凝土基础、砌砖基础墙、回填土等五个分项;各分项工程之间,可以组织流水施工,各分部工程甚至各幢房屋工程之间也可组织流水施工,如图9-5所示。

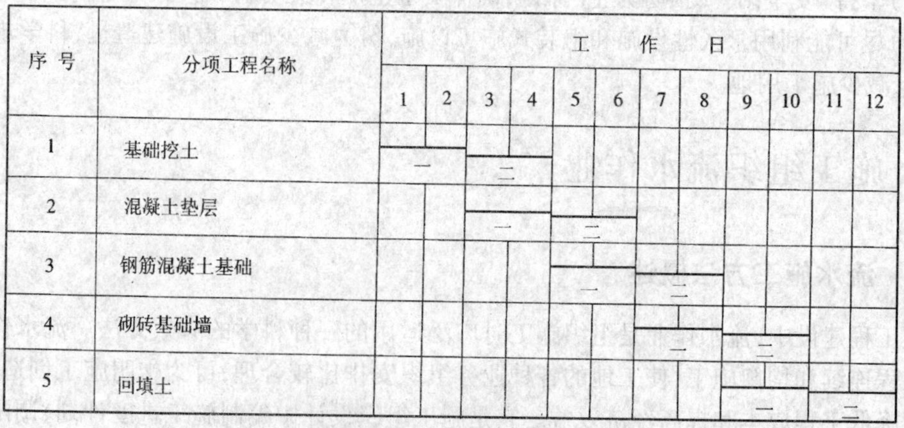

序号	分项工程名称	工作日											
		1	2	3	4	5	6	7	8	9	10	11	12
1	基础挖土	一	一	二	二								
2	混凝土垫层			一	一	二	二						
3	钢筋混凝土基础					一	一	二	二				
4	砌砖基础墙							一	一	二	二		
5	回填土									一	一	二	二

图9-5　基础工程组织流水施工的进度计划

同样一个基础工程,如果组织流水作业,工期只需12天,由于流水施工的各分项工程之间前后搭接,比依次施工缩短了工期;还可以消除劳动力窝工或过分集中现象,使劳动力使用均衡;可以避免施工作业面闲置;资源的消耗均衡;可提高施工机械的利用率。使用流水作业法并不需要增加任何设备和费用,只是应用科学的方法组织施工。因此,它也是施工企业改进施工管理、提高施工效率的一种有效手段。

9.2.2 流水施工基本方法

1.流水施工表达方式

1)横道图

流水施工水平指示图表的表达方式如图9－6所示。其横坐标表示持续时间,纵坐标表示施工过程或专业工作队编号,带有编号的圆圈表示施工项目或施工段的编号。

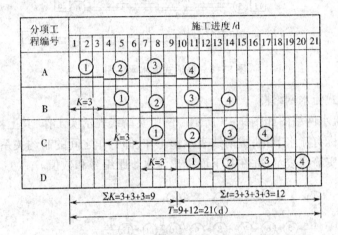

图9－6 流水施工横道图

T—流水施工的计算总工期;t—流水节拍;K—流水步距,此图 $K = t$

2)斜线图

流水施工垂直指示图表的表达方式如图9－7所示。其横坐标表示持续时间,纵坐标表示施工项目或施工段的编号,斜向指示线段的代号表示施工过程或专业工作队编号,图中符号同前。

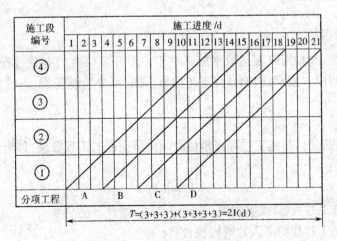

图9－7 流水施工斜线图

3)流水网络图

Ⅰ.横道式流水网络图

横道式流水网络图如图9-8所示。图中水平错阶箭线表示施工过程进展状态,在箭线上面标有该过程编号和施工段编号,在箭线下面标有流水节拍;倾斜箭线分别表示开始步距($K_{j,j+1}$)和结束步距($J_{j,j+1}$),带有编号的圆圈表示事件或节点。

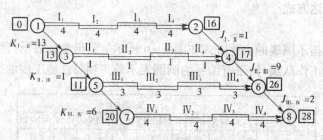

图9-8 横道式流水网络图

Ⅱ.流水步距式流水网络图

流水步距式流水网络图如图9-9所示。图中实箭线表示实工作,其上标有施工过程和施工段编号,其下标有流水节拍;虚箭线表示虚工作,即工作之间的制约关系,其持续时间为零;流水步距也由实箭线表示,并在其下面标出流水步距编号和数值。

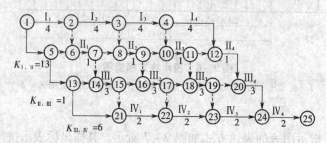

图9-9 流水步距式流水网络图

2.流水参数确定方法

1)工艺参数

Ⅰ.施工过程

在组织流水施工时,用以表达流水施工在工艺上开展层次的有关过程,统称为施工过程。施工过程数目以 n 表示,根据过程工艺性质不同,可分为制备类、运输类和砌筑安装类三种施工过程。

Ⅱ.流水强度

在组织流水施工时,某施工过程在单位时间内所完成的工程数量,称为该过程的流水强度,可按下式计算:

$$V_j = R_j S_j \tag{9-1}$$

式中 V_j——某施工过程(j)流水强度;

R_j——某施工过程的工人数或机械台数;

S_j——某施工过程计划的产量定额。

2）空间参数

Ⅰ. 工作面

在组织流水施工时，某专业工种工人进行操作所必须具备的活动空间，称为该工种的工作面。工作面的大小是表明施工对象上能安置多少工人操作或布置施工机械、设备的面积。它可根据该工种的计划产量定额和安全施工技术规程要求确定。

工作面根据各施工过程的性质、施工方法和使用的工具、设备，按不同单位计算。例如人工开挖基槽土方的工作面是按基槽长度计量，砌砖墙是按墙的长度计量，浇筑钢筋混凝土楼盖是按楼板的面积计量。工作面的确定是否恰当，直接影响到安置施工人员的数量、施工方法和工期。

Ⅱ. 施工段

为了有效地组织流水施工，通常将施工项目在平面上划分为若干个劳动量大致相等的施工段落，这些施工段落称为施工段，其数目以 m 表示。在同一个分部工程中，参与流水施工的施工过程一般采用相同数量的施工段，各施工段的工程量应大致相等，并尽可能将工程的变形缝作为施工段的分界。施工段不宜过多，如段数过多，每段安置的施工人数过少，将会延长工期。划分施工段应与劳动组织相适应，还要考虑到合理的工作面。

在划分施工段时，应遵循以下原则：

（1）主要专业工种在各个施工段所消耗的劳动量要大致相等，其相差幅度不宜超过 10% ~ 15% ；

（2）在保证专业工作队劳动组合优化的前提下，施工段大小要满足专业工种对工作面的要求；

（3）施工段数目要满足合理流水施工组织的要求，即 $m \geqslant n$ ；

（4）施工段分界线应尽可能与结构自然界线相吻合，如温度缝、沉降缝或单元界线等处，如果必须将其设在墙体中间时，可将其设在门窗洞口处，以减少施工留槎；

（5）多层施工项目既要在平面上划分施工段，又要在竖向上划分施工层，以组织有节奏、均衡、连续的流水施工。

Ⅲ. 施工层

在组织流水施工时，为满足专业工种对操作高度的要求，通常将施工项目在竖向上划分为若干个作业层，这些作业层均称为施工层。如砌砖墙施工层高为 1.2 m，装饰工程施工层多以楼层为准。

3）时间参数

Ⅰ. 流水节拍

在组织流水施工时，每个专业工作队在各个施工段上所必需的持续时间，均称为流水节拍，并以 t_i^j 表示。它通常可按下式计算：

$$t_i^j = \frac{Q_i^j}{S_j R_j N_j} = \frac{P_i^j}{R_j N_j} \qquad (9-2)$$

式中　t_i^j——专业工作队（j）在某施工段（i）上的流水节拍；

　　　Q_i^j——专业工作队（j）在某施工段（i）上的工程量；

　　　S_j——专业工作队（j）的计划产量定额；

　　　R_j——专业工作队（j）的工人数或机械台数；

　　　N_j——专业工作队（j）的工作班次；

P_i^j——专业工作队(j)在某施工段(i)上的劳动量。

Ⅱ. 流水步距

在组织流水施工时,通常将相邻两个专业工作队先后开始施工的合理时间间隔,称为它们之间的流水步距,并以 $K_{j,j+1}$ 表示。在确定流水步距时,通常要满足以下原则:

(1)要满足相邻两个专业工作队在施工顺序上的制约关系,保证相邻两个施工过程之间工艺上有合理的顺序,时间上要紧密衔接;

(2)要保证相邻两个专业工作队在各个施工段上都能够连续作业;

(3)要使相邻两个专业工作队在开工时间上实现最大限度合理的搭接;

(4)各施工过程之间要有必需的技术间歇时间,注意安全施工的要求。

Ⅲ. 技术间歇

在组织流水施工时,通常将施工对象的工艺性质决定的间歇时间,统称为技术间歇,并以 $Z_{j,j+1}$ 表示。如现浇构件养护时间以及抹灰层和油漆层硬化时间。

Ⅳ. 组织间歇

在组织流水施工时,通常将施工组织原因造成的间歇时间,统称为组织间歇,并以 $G_{j,j+1}$ 表示。如施工机械转移时间以及其他需要很多时间的作业前准备工作。

Ⅴ. 平行搭接时间

在组织流水施工时,为了缩短工期,有时在工作面允许的前提下,某施工过程可与其紧前施工过程平行搭接施工,其平行搭接时间以 $C_{j,j+1}$ 表示。

3. 流水施工基本方式

1)全等节拍流水

在组织流水施工时,如果每个施工过程在各个施工段上的流水节拍都彼此相等,其流水步距也等于流水节拍,这种流水施工方式称为全等节拍流水。其建立步骤如下:

(1)确定施工起点流向,划分施工段;

(2)分解施工过程,确定施工顺序;

(3)确定流水节拍,此时 $t_i^j = t$;

(4)确定流水步距,此时 $K_{j,j+1} = K = t$;

(5)按式下确定计算总工期,有

$$T = (m + n - 1)K + \sum Z_{j,j+1} + \sum G_{j,j+1} - \sum C_{j,j+1} \qquad (9-3)$$

式中　T——流水施工方案的计算总工期,

　　$\sum Z_{j,j+1}$——所有技术间歇时间总和,

　　$\sum G_{j,j+1}$——所有组织间歇时间总和,

　　$\sum C_{j,j+1}$——所有平行搭接时间总和;

(6)绘制流水施工指示图表。

【例 9-1】某工程由 A、B、C、D 四个分项工程组成,它在平面上划分为四个施工段,各分项工程在各个施工段上的流水节拍均为 3 d。试编制流水施工方案。

【解】根据题设条件和要求,该题只能组织全等节拍流水。

(1)确定流水步距:

$$K = t = 3(d)$$

(2)确定计算总工期:

$$T = (4 + 4 - 1) \times 3 = 21(\text{d})$$

（3）绘制流水施工指示图表，如图 9 - 10 所示。

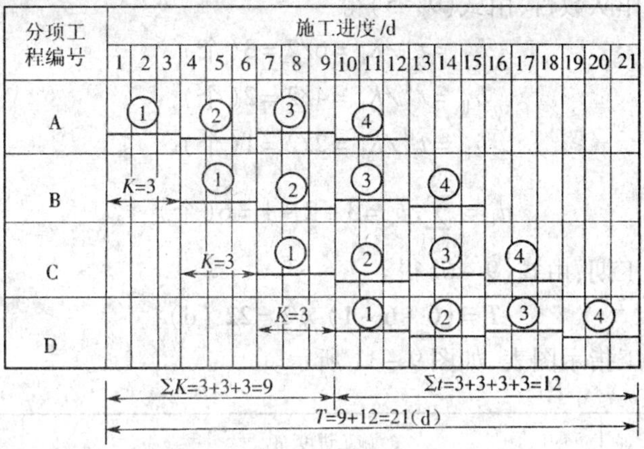

图 9 - 10　全等节拍流水指示图表

2）成倍节拍流水

在组织流水施工时，如果同一施工过程在各个施工段上的流水节拍彼此相等，而不同施工过程在同一施工段上的流水节拍之间存在一个最大公约数，为加快流水施工速度，可按最大公约数的倍数确定每个施工过程的专业工作队，这样便构成了一个工期最短的成倍节拍流水施工方案。成倍节拍流水的建立步骤如下：

（1）确定施工起点流向，划分施工段；

（2）分解施工过程，确定施工顺序；

（3）按以上要求确定每个施工过程的流水节拍；

（4）按下式确定流水步距，有

$$K_{\text{b}} = \text{最大公约数}\{\text{各过程流水节拍}\} \tag{9-4}$$

式中　K_{b}——成倍节拍流水的流水步距；

（5）按下式确定专业工作队数目，有

$$\left. \begin{array}{l} b_j = t_i' / K_{\text{b}} \\ n_1 = \sum_{j=1}^{n} b_j \end{array} \right\} \tag{9-5}$$

式中　b_j——施工过程(j)的专业工作队数目，$1 \leqslant j \leqslant n$；

　　　n_1——成倍节拍流水的专业工作队总和；

（6）按下式确定计算总工期，有

$$T = (m + n_1 - 1)K_{\text{b}} + \sum Z_{j,j+1} + \sum G_{j,j+i} - \sum C_{j,j+1} \tag{9-6}$$

（7）绘制流水施工指示图表。

【例9-2】某工程由支模板、绑钢筋和浇混凝土 3 个分项工程组成，它在平面上划分为 6 个施工段，上述 3 个分项工程在各个施工段上的流水节拍依次为 6 d、4 d 和 2 d。试编制工期最短的流水施工方案。

【解】根据题设条件和要求，该题只能组织成倍节拍流水。假定题设 3 个分项工程依次由专业工作队 Ⅰ、Ⅱ、Ⅲ来完成，其施工段编号依次为①、②、…、⑥。

(1)确定流水步距,由式(9-4)得

$$K_b = 最大公约数\{6,4,2\} = 2(d)$$

(2)确定专业工作队数目,由式(9-5)得

$$b_I = t_i^I / K_b = 6/2 = 3(个)$$

$$b_{II} = t_i^{II} / K_b = 4/2 = 2(个)$$

$$b_{III} = t_i^{III} / K_b = 2/2 = 1(个)$$

$$n_1 = \sum_{j=1}^{3} b_j = 3 + 2 + 1 = 6(个)$$

(3)确定计算总工期,由式(9-6)得

$$T = (6 + 6 - 1) \times 2 = 22 \ (d)$$

(4)绘制流水施工指示图表,如图9-11所示。

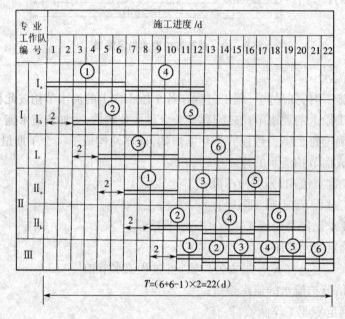

图9-11　成倍节拍流水指示图表

3)分别流水

实际施工中,大多数施工过程在各施工段上的工程量并不相等,各专业施工队的生产效率也相差悬殊,导致多数流水节拍彼此不相等,难以组织等节拍或异节拍流水施工。这时只能按施工顺序要求,使相邻两专业队的开工时间最大限度搭接起来,组织各专业队都能连续施工的无节奏流水施工,亦称"分别流水"。它是流水施工的普遍形式,其建立步骤如下:

(1)确定施工起点流向,划分施工段;

(2)分解施工过程,确定施工顺序;

(3)按式(9-2)确定流水节拍;

(4)按下式确定流水步距,有

$$K_{j,j+1} = \max\left\{k_i^{j,j+1} = \sum_{i=1}^{i} \Delta t_i^{j,j+1} + t_i^{j+1}\right\} \tag{9-7}$$

式中　$K_{j,j+1}$——专业工作队(j)与$(j+1)$之间的流水步距;

max——取最大值；

$k_i^{j,j+1}$——专业工作队(j)与$(j+1)$在各个施工段上的假定段步距；

$\sum\limits_{i=1}^{i}$——由施工段(1)至(i)依次累加，逐段求和；

$\Delta t_i^{j,j+1}$——专业工作队(j)与$(j+1)$在施工段(i)上的"段时差"，即$\Delta t_i^{j,j+1} = t_i^j - t_i^{j+1}$；

t_i^j——专业工作队(j)在施工段(i)的流水节拍；

t_i^{j+1}——专业工作队$(j+1)$在施工段(i)的流水节拍；

i——施工段编号，$1 \le i \le m$；

j——专业工作队编号，$1 \le j \le n_1 - 1$；

n_1——专业工作队数目，此时$n_1 = n$。

（5）按下式确定计算总工期，有

$$T = \sum_{j=1}^{n_1} K_{j,j+1} + \sum_{i=1}^{m} t_i^{n_1} + \sum Z_{j,j+1} + \sum G_{j,j+1} - \sum C_{j,j+1} \qquad (9-8)$$

式中　T——流水施工方案的计算总工期；

$t_i^{n_1}$——最后一个专业工作队(n_1)在施工段(i)上的流水节拍。

（6）绘制流水施工指示图表。

【例9-3】某工程由Ⅰ、Ⅱ、Ⅲ、Ⅳ 4个施工过程组成，它在平面上划分为6个施工段，每个施工过程在各个施工段上的流水节拍如表9-2所示。为缩短计划总工期，允许施工过程Ⅰ与Ⅱ有平行搭接时间1 d；在施工过程Ⅱ完成后，其相应施工段至少应有技术间歇时间2 d；在施工过程Ⅲ完成后，其相应施工段至少应有作业准备时间1 d。试编制流水施工方案。

表9-2　施工持续时间表

施工过程编号	流水节拍/d					
	①	②	③	④	⑤	⑥
Ⅰ	4	5	4	4	5	4
Ⅱ	3	2	2	3	2	3
Ⅲ	2	4	3	2	4	2
Ⅳ	3	3	2	2	3	3

【解】根据题设条件和要求，该工程只能组织分别流水。

（1）确定流水步距。

①$K_{Ⅰ,Ⅱ}$：

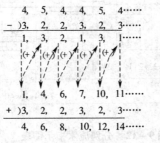

$$K_{I,II} = \max\{k_i^{I,II}\} = \max\{4,6,8,10,12,14\} = 14(d)$$

②$K_{II,III}$：

$$
\begin{array}{rrrrrr}
3, & 2, & 2, & 3, & 2, & 3 \\
-)\ 2, & 4, & 3, & 2, & 4, & 2 \\
\hline
1, & -2, & -1, & 1, & -2, & 1 \\
\end{array}
$$

$$
\begin{array}{rrrrrr}
1, & -1, & -2, & -1, & -3, & -2 \\
+)\ 2, & 4, & 3, & 2, & 4, & 2 \\
\hline
3, & 3, & 1, & 1, & 1, & 0 \\
\end{array}
$$

$$K_{II,III} = \max\{3,3,1,1,1,0\} = 3\ (d)$$

③$K_{III,IV}$：

$$
\begin{array}{rrrrrr}
2, & 4, & 3, & 2, & 4, & 2 \\
-)\ 3, & 3, & 2, & 2, & 3, & 3 \\
\hline
-1, & 1, & 1, & 0, & 1, & -1 \\
\end{array}
$$

$$
\begin{array}{rrrrrr}
-1, & 0, & 1, & 1, & 2, & 1 \\
+)\ 3, & 3, & 2, & 2, & 3, & 3 \\
\hline
2, & 3, & 3, & 3, & 5, & 4 \\
\end{array}
$$

$$K_{III,IV} = \max\{2,3,3,3,5,4\} = 5\ (d)$$

(2)确定计算总工期。由题设条件可知：$C_{I,II} = 1\ d$，$Z_{II,III} = 2\ d$，$G_{III,IV} = 1\ d$。代入式(9-8)可得

$$
\begin{aligned}
T &= (14+3+5)+(3+3+2+2+3+3)+2+1-1 \\
&= 22+16+2 = 40\ (d)
\end{aligned}
$$

(3)绘制流水施工指示图表,如图9-12所示。

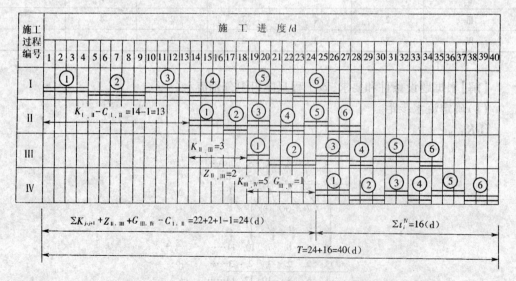

图9-12 分别流水指示图表

复习思考题

1. 建筑工程施工为什么要编制施工组织设计？
2. 建筑产品及其生产具有哪些特点？
3. 试述组织施工的基本原则。
4. 编制施工组织设计需要哪些原始资料？在组织施工中如何利用这些资料？
5. 施工组织设计有几种类型？其基本内容有哪些？
6. 如何使施工组织设计起到组织和指导施工全过程的作用？

第 10 章　工程网络计划

10.1　工程网络计划概述

网络计划技术是一种有效的系统分析和优化技术。它来源于工程技术和管理实践,在保证和缩短时间、降低成本、提高效率、节约资源等方面成效显著。

应用网络技术编制土木工程施工进度计划,能正确表达计划中各项工作开展的先后顺序及相互关系;能确定各项工作的开始时间和结束时间,并找出关键工作和关键线路;通过网络计划的优化可寻求最优方案;在施工过程中进行网络计划的有效控制和调整,可以用最小的资源消耗取得最大的经济效益和最理想的工期。

网络计划技术发展至今,已形成关键线路法、计划评审技术、图示评审技术、决策关键路径法和风险评定技术等繁多种类,其中关键线路法是工程建设施工管理运用最多的网络计划技术。

10.2　双代号网络图

10.2.1　双代号网络图组成

普通双代号网络图是由工作、节点(事件)和线路三个基本要素组成的。

1. 工作

工作是指能够独立存在的实施性活动,如工序、施工过程或施工项目等实施性活动。

工作可分为需要消耗时间和资源的工作、只消耗时间而不消耗资源的工作和不消耗时间及资源的工作三种。前两种为实工作,最后一种为虚工作。工作表示方法如图 10 - 1 和图 10 - 2 所示。

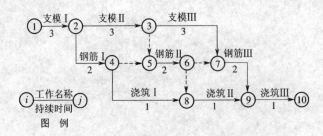

图 10 - 1　某现浇工程双代号网络图

2. 节点

节点也称事件,是指表示工作开始、结束或连接关系的圆圈;箭线的出发节点叫起点节点,箭头指向的节点叫终点节点,如图 10 - 3 所示。任何工作都可用其箭线前、后的两个节

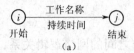

图 10 - 2　工作示意图

(a)实工作　(b)虚工作

点的编码来表示,起点节点编码在前,终点节点编码在后。

网络图的第一个节点为整个网络图的原始节点,最后一个节点为网络图的结束节点,其余节点为中间节点。

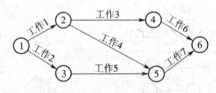

图 10 - 3　节点示意图

3. 线路

线路是指从网络图原始事件出发,顺着箭线方向到达网络图结束事件,中间经由一系列事件和箭线所组成的通道。完成某条线路所需的总持续时间,称为该条线路的线路时间。根据每条线路的线路时间长短,可将网络图的线路区分为关键线路和非关键线路两种,如图 10 - 4 所示。

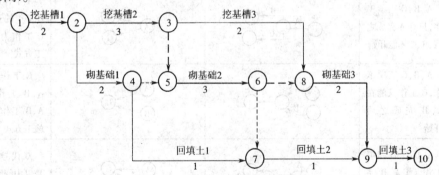

图 10 - 4　关键线路示意图

①→②→③→⑤→⑥→⑧→⑨→⑩,这就是关键工作所经过的线路,持续时间之和为 11 d,持续时间最长的线路可作为工程的计划工期,该线路上的工作拖延或提前,则整个工程的完成时间将发生变化,该线路称为关键线路。关键线路用较粗的箭线或双箭线表示,以示与非关键线路的区别。

在网络图中,除了关键线路之外,其余线路都是非关键线路。在非关键线路上,除了关键工作之外,其余工作均为非关键工作,非关键工作都有时间储备,非关键工作有一定的机动时间,该工作在一定幅度内的提前或拖延不会影响整个计划的工期。在一定条件下,关键工作与非关键工作、关键线路与非关键线路都可以相互转化。

10.2.2 双代号网络图绘制

(1)必须正确地表达各项工作之间的网络逻辑关系,如表10-1所示。

①工艺关系是指生产工艺上客观存在的先后顺序。例如建筑工程施工时,先做基础、后做主体,先做结构、后做装修。这些顺序是不能随意改变的。

②组织关系是指在不违反工艺关系的前提下,人为安排工作的先后顺序。例如建筑群中各建筑物开工的先后顺序,施工对象的分段流水作业等。

这些顺序可以根据具体情况,按安全、经济、高效的原则统筹安排。无论工艺关系还是组织关系,在网络图中均表现为工作进行的先后顺序。

表 10-1 双代号与单代号网络逻辑关系表达示例

序号	工作间的逻辑关系	网络图上的表示方法 双代号	网络图上的表示方法 单代号	说明
1	A、B 两项工作,依次进行施工			B 依赖 A,A 约束 B
2	A、B、C 三项工作,同时开始施工			A、B、C 三项工作为平行施工方式
3	A、B、C 三项工作,同时结束施工			A、B、C 三项工作为平行施工方式
4	A、B、C 三项工作,只有 A 完成之后,B、C 才能开始			A 工作制约 B、C 工作的开始,B、C 工作为平行施工方式
5	A、B、C 三项工作,C 工作只能在 A、B 完成之后开始			C 工作依赖于 A、B 工作结束;A、B 工作为平行施工方式
6	A、B、C、D 四项工作,当 A、B 完成之后,C、D 才能开始			双代号表示法是以中间事件 j 把四项工作间的逻辑关系表达出来
7	A、B、C、D 四项工作,A 完成之后,C 才能开始,A、B 完成之后,D 才能开始			A 制约 C、D 的开始,B 只制约 D 的开始,A、D 之间引入了虚工作

续表

序号	工作间的逻辑关系	网络图上的表示方法		说明
		双代号	单代号	
8	A、B、C、D、E 五项工作，A、B 完成之后，D 才能开始，B、C 完成之后，E 才能开始			D 依赖 A、B 的完成，E 依赖 B、C 的完成，双代号表示法以虚工作表达 A、C 之间的上述逻辑关系
9	A、B、C、D、E 五项工作，A、B、C 完成之后，D 才能开始，B、C 完成之后，E 才能开始			A、B、C 制约 D 的开始，B、C 制约 E 的开始，双代号表示法以虚工作表达上述逻辑关系
10	A、B 两项工作，按三个施工段进行流水施工			按工种建立两个专业工作队，分别在 3 个施工段上进行流水作业，双代号表示法以虚工作表达工种间的关系

（2）在同一网络图中，只允许有 1 个原始事件，不允许再出现没有前导工作的"尾部事件"；在同一单目标网络图中，只允许有 1 个结束事件，不允许再出现没有后续工作的"尽头事件"；在双代号网络图中，不允许出现没有起点事件的工作，如图 10–5 所示。

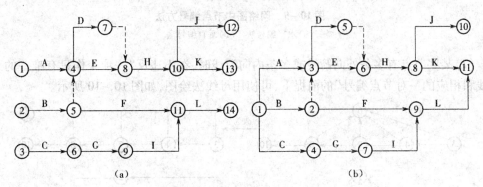

图 10–5　双代号网络示意图

（a）错误　（b）正确

（3）在双代号网络图中，不允许出现闭合回路，如图 10–6 所示。

（4）在双代号网络图中，不允许出现重复编号的工作，如图 10–7 所示。

（5）在双代号网络图中，严禁出现双向箭线、无箭头箭线和没有箭头（或箭尾）节点的箭线，如图 10–8 所示。

（6）网络图中节点编号顺序应从小到大，可不连续（非连续编号可利于以后的修改），但严禁重复，如图 10–9 所示。

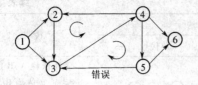

图 10-6　闭合回路示意图

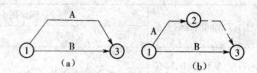

图 10-7　重复编号示意图

(a)错误　(b)正确

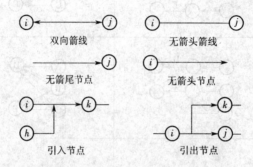

图 10-8　错误的箭线和节点示意图

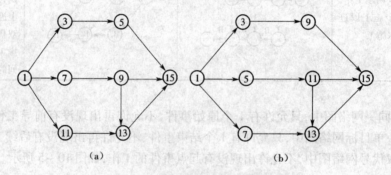

图 10-9　网络图中节点编号方法

(a)水平编号法　(b)垂直编号法

(7)某些节点有多条外向箭线或多条内向箭线时,在不违反"一项工作只有唯一的一条箭线和相应的一对节点编号"的前提下,可使用母线法绘图,如图 10-10 所示。

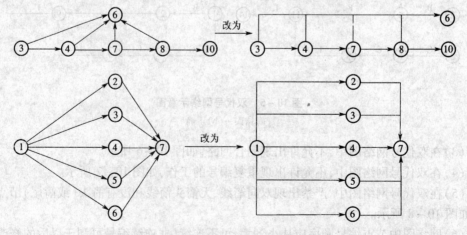

图 10-10　母线法示意图

(8)绘制网络图时,宜避免箭线交叉。当箭线交叉不可避免时,应采用正确的表示方法——过桥法、指向法,如图 10 - 11 所示。

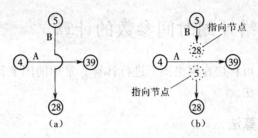

图 10 - 11 过桥法、指向法示意图

(a)过桥法 (b)指向法

(9)对平行搭接进行的工作,在双代号网络图中,应分段表达,如图 10 - 12 所示。

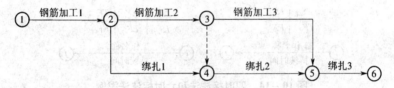

图 10 - 12 工作平行搭接的表示方法

(10)网络图应条理清楚、布局合理,如图 10 - 13 所示。

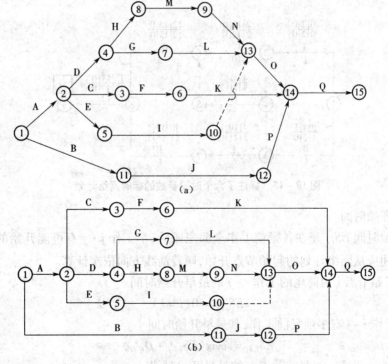

图 10 - 13 网络图合理布局示意图

(a)网络草图 (b)整理后的网络图

(11)对于一些大的建设项目,由于工序多、施工周期长,网络图可能很大,为使绘图方便,可将网络图划分成几个部分分别绘制。

10.3　双代号网络计划时间参数的计算

当工作数量不多时,可直接在网络图上进行计算。常用的图上计算方法有工作时间计算法、节点计算法和标号法。

10.3.1　工作时间计算法

工作时间计算法的图上计算过程:首先沿网络图箭线方向从左往右依次计算各项工作的最早可以开始时间并确定计划工期;其次逆箭线方向从右往左依次计算各项工作的最迟必须开始时间;最后计算工作的总时差和自由时差,如图 10 - 14 和图 10 - 15 所示。

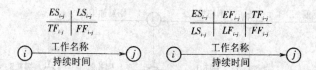

图 10 - 14　四时标注法和六时标注法图例

ES_{i-j}—最早开始时间;LS_{i-j}—最迟开始时间;

TF_{i-j}—总时差;FF_{i-j}—自由时差;

EF_{i-j}—最早完成时间;LF_{i-j}—最迟完成时间

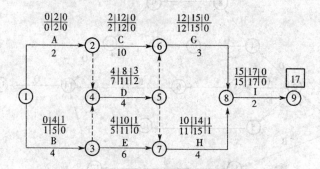

图 10 - 15　标注了六个时间参数的标时网络计划

1. 最早开始时间

最早开始时间 ES_{i-j} 是在各紧前工作全部完成后,本工作 $i-j$ 有可能开始的最早时间。最早开始时间应从网络计划的起始节点开始,顺着箭线方向依次计算。

(1)以起始节点 i 为箭尾的工作 $i-j$ 的最早开始时间

$$ES_{i-j} = 0(i = 1)$$

(2)当工作 $i-j$ 有多项紧前工作,其最早开始时间

$$ES_{i-j} = \max(ES_{h-i} + D_{h-i})$$

式中　ES_{h-i}——节点 i 的紧前节点 h 的最早开始时间;

D_{h-i}——工作 $i-j$ 的持续时间。

2. 最早完成时间

最早完成时间 EF_{i-j} 是在各紧前工作全部完成后，本工作有可能完成的最早时间。最早完成时间等于最早开始时间加上本工作的持续时间，即

$$EF_{i-j} = ES_{i-j} + D_{i-j}$$

3. 最迟完成时间

最迟完成时间 LF_{i-j} 是在不影响整个计划按期完成的前提下，本工作最迟必须完成的时间。最迟完成时间应从终点节点开始，逆着箭线方向依次逐项计算。

（1）终点节点的最迟完成时间按该网络计划的计划工期确定：

$$LF_{i-n} = T_p$$

（2）其他工作 $i-j$ 的最迟完成时间等于其紧后工作最迟完成时间减去紧后工作的持续时间的差的最小值：

$$LF_{i-j} = \min\left(LF_{j-k} - D_{j-k}\right)$$

4. 最迟开始时间

最迟开始时间 LS_{i-j} 是在不影响整个计划按时完成的条件下，本工作最迟必须开始的时间。最迟开始时间应从网络计划的终点节点开始，逆着箭线方向依次逐项计算。

（1）终点节点的最迟开始时间等于该网络计划的计划工期减去该工作的持续时间：

$$LS_{i-n} = T_p - D_{i-n}$$

（2）其他工作 $i-j$ 的最迟开始时间 LS_{i-j} 等于其紧后工作最迟完成时间减去本工作的持续时间：

$$LS_{i-j} = LF_{i-j} - D_{i-j}$$

5. 工作时差的计算

时差是工作的机动时间范围，可分为总时差和自由时差。

1）总时差的计算

总时差是在不影响计划总工期（所有后续工作最迟开始时间）的情况下，各工作所具有的机动时间。工作 $i-j$ 的总时差 TF_{i-j} 按下式计算：

$$TF_{i-j} = LS_{i-j} - ES_{i-j} \text{或} TF_{i-j} = LF_{i-j} - EF_{i-j}$$

2）自由时差的计算

自由时差是各工作在不影响后续工作最早开始时间的前提下所具有的机动时间。终点节点 $(j=n)$ 的自由时差 FF_{i-j} 按网络计划的计划工期 T_p 确定：

$$FF_{i-n} = T_p - ES_{i-n} - D_{i-n}$$

工作 $i-j$ 的自由时差：

$$FF_{i-j} = ES_{j-k} - ES_{i-j} - D_{i-j} \text{或} FF_{i-j} = ES_{j-k} - EF_{i-j}$$

3）自由时差与总时差的关系

自由时差与总时差是相互关联的，如图 10 - 16 所示动用本工作自由时差不会影响紧后工作的最早开始时间；而动用本工作总时差超过本工作自由时差，则会相应减少紧后工作拥有的时差，并会引起该工作所在线路上所有其他非关键工作时差的重新分配。

10.3.2　节点计算法

节点计算法是直接在网络图上进行计算，步骤如下：顺箭线方向计算节点最早时间→计算工作自由时差→逆箭线方向计算节点最迟时间→计算工作总时差。

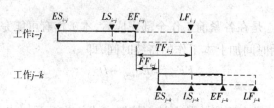

图 10 – 16　自由时差与总时差的关系图

1. 节点时间的标注(图 10 – 17)

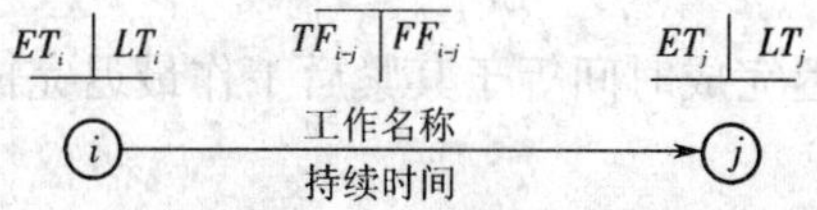

图 10 – 17　节点计算法时间参数的标注

ET_i—最早可能开始时间;LT_i—最迟必须结束时间;

FF_{i-j}—工作自由时差;TF_{i-j}—工作总时差

最早可能开始时间是指该节点的紧前工作全部完成,紧后工作最早能够开始的时间。几个箭线同时指向同一节点时,应取该节点的紧前工作结束时间的最大值作为该节点的最早可能开始时间。计算从起始节点开始,顺着箭线方向由左向右依次逐项进行。

起始节点的值应等于零,即

$$ET_i = 0 (i = 1)$$

任意中间节点 j 的最早时间

$$ET_j = \max(ET_i + D_{i-j})$$

式中　ET_i——节点 j 的紧前节点 i 的最早可能开始时间;

　　　D_{i-j}——工作 $i-j$ 的持续时间。

计算工期:

$$T_c = ET_n$$

式中　ET_n——终点节点 n 的最早可能开工时间。

计算工期得到后,可确定计划工期 T_p,计划工期应满足以下条件:

$$T_p \leqslant T_r (当已规定了要求工期)$$

$$T_p = T_c (当未规定要求工期)$$

式中　T_p——网络计划的计划工期;

　　　T_r——网络计划的要求工期。

最迟必须开始时间(图 10 – 18)是在计划工期确定的情况下,从网络图的终点节点开始,逆向推算出的各节点的最迟必须开始的时间,从终点节点开始,逆着箭线方向由右向左依次逐项进行。它也是各节点在保证计划工期的前提下最迟必须开始的时间。

终点节点的最迟开始时间等于规定工期的结束时间或最早可能开始时间,即

$$LT_n = T_p(或规定的工期)$$

中间节点 i 的最迟必须开始时间

$$LT_i = \max(LT_j - D_{i-j})$$

式中　LT_j——节点 i 的紧后节点 j 的最迟必须开始时间;

D_{i-j}——工作 $i-j$ 的持续时间。

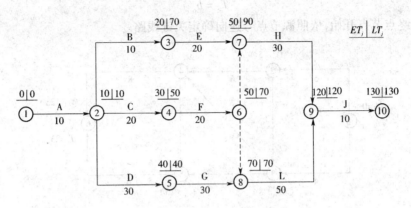

图 10 - 18　节点时间参数的计算

2. 工作时差的计算

工作时差的计算如图 10 - 19 所示。

（1）总时差，工作 $i-j$ 的总时差 TF_{i-j}：

$$TF_{i-j} = LT_j - ET_i - D_{i-j}$$

（2）自由时差（又称局部时差），工作 $i-j$ 的自由时差 FF_{i-j}：

$$FF_{i-j} = ET_j - ET_i - D_{i-j}$$

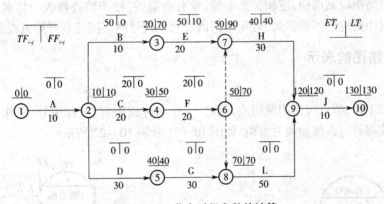

图 10 - 19　节点时间参数的计算

10.3.3　标号法

标号法可快速确定网络图的节点早时间、计算工期及关键线路。标号法是在网络图的每一节点设一括号，括号内进行双标号标注，左边标号为源节点号，右边标号为节点早时间。

计算方法及步骤如图 10 - 20 所示。

（1）从左往右，确定各个节点的节点标号值。

网络图起点节点记为"0"，即

$$b_1 = 0$$

其他节点的节点标号值按各项紧前工作的开始节点 h 的节点标号值与其对应的持续时间之和的最大值确定。

（2）依照网络图终点节点的标号值确定网络计划的计算工期 T_c，即

$$T_c = b_n$$

（3）从终点节点开始，依照源节点号逆向确定关键线路。

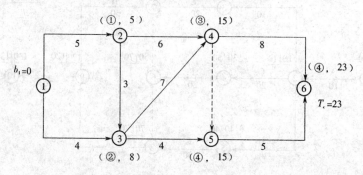

图 10 – 20　用标号法快速计算时间参数示例

10.4　单代号网络图

单代号网络图是由节点和箭线组成的，其箭线表示紧邻工作之间的逻辑关系，节点则表示工作。工作之间的逻辑关系包括工艺关系和组织关系，在单代号网络图中均表现为工作之间的先后顺序。

单代号网络图绘制简便，逻辑关系明确，没有虚箭线，便于检查修改。特别是随着计算机在网络计划中的应用不断扩大，近年来国内外对单代号网络图逐渐开始重视起来。

10.4.1　网络图的表示

1. 节点

节点表示工作，节点可采用圆圈或方框。工作名称或内容、工作编号、工作持续时间及工作时间参数都可写在圆圈或方框内，如图 10 – 21 和图 10 – 22 所示。

图 10 – 21　单代号网络图工作的完整表示方法

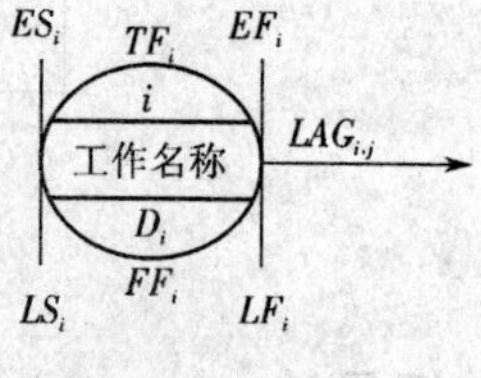

图 10 – 22　单代号网络图时间参数标注形式

2. 箭线

单代号网络图的箭线仅表示工作间的逻辑关系，它既不占用时间也不消耗资源。箭线的箭头方向表示工作的前进方向，箭尾节点工作为箭头节点的紧前工作。

单代号网络图不需用虚箭线表达工作间的逻辑关系。

由于单代号网络图只有一个起点节点和一个终点节点（图 10 – 23），而当几个工作同时开始或同时结束时，就需引进虚工作（节点）。

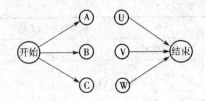

图 10-23　开始及结束节点表示方法

10.4.2　绘图规则

（1）单代号网络图中的节点必须编号。编号标注在节点内,其号码可间断,但严禁重复。箭线的箭尾节点编号应小于箭头节点编号。一项工作必须有唯一的一个节点及相应的一个编号。

（2）用数字代表工作的名称时,宜由小到大按活动先后顺序编号。

（3）严禁出现循环回路。

（4）严禁出现双向箭头或无箭头的连线,严禁出现没有箭尾节点的箭线和没有箭头节点的箭线。

（5）箭线不宜交叉,当交叉不可避免时,可采用过桥法和指向法。

（6）单代号网络图只应有一个起点节点和一个终点节点,当网络图中有多个起点节点或多个终点节点时,应在网络图的两端分别设置一项虚工作,作为该网络图的起点节点(St)和终点节点(Fin)。

（7）在同一网络图中,单代号和双代号的画法不能混用。

10.4.3　双代号网络图与单代号网络图对比

双代号网络图与单代号网络图对比见表 10-2。

表 10-2　双代号网络图与单代号网络图对比

工作间逻辑关系	网络图表示方法	
	双代号	单代号
A、B、C 三项工作依次进行	①—A→②—B→③—C→④	Ⓐ→Ⓑ→Ⓒ
A、B、C 三项工作同时开始	①—A→②；①—B→③；①—C→④	开始→Ⓐ；开始→Ⓑ；开始→Ⓒ
X、Y、Z 三项工作同时结束	㉖—X→㉙；㉗—Y→㉙；㉘—Z→㉙	Ⓧ→结束；Ⓨ→结束；Ⓩ→结束

工作间逻辑关系	网络图表示方法	
	双代号	单代号
A、B、C 三项工作,只有 A 完成后,B、C 才能开始		
B、C、D 三项工作,只有 B、C 完成后,D 才能开始		
E 工作结束后,H 工作可以开始;E、F 工作均结束后,I 工作才能开始		
J、K 两项工作均完成后,L、M 工作才能开始		
A 工作结束后,B、C 工作可同时开始;B、C 工作均完成后,D 才能开始		
A 工作结束后,B、C 工作可同时开始;B 工作结束后,D 工作可以开始;B、C 工作均结束后,E 工作才能开始;D、E 工作均结束后,F 工作才能开始		
B、C 工作完成后,E 工作才能开始;A、B、C 工作均完成后,D 工作才能开始		

续表

工作间逻辑关系	网络图表示方法	
	双代号	单代号
A、B、C 三项工作分为三个施工段,进行搭接流水施工	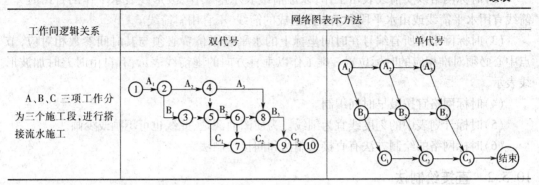	

10.5　时间坐标网络计划

时间坐标网络计划是以时间坐标为尺度(按工作持续时间长短比例)编制的双代号网络计划,简称时标网络。

时标网络直观明了地揭示了各工作的逻辑关系和时间参数,方便计划的实施、控制和优化、调整,在网络计划上编制各种资源需用量计划及降低工程成本计划后,具有整合工程项目进度、成本、资源等多重管理目标的作用,是大型项目建设中广泛应用的计划安排和管理工具,如图 10-24 所示。

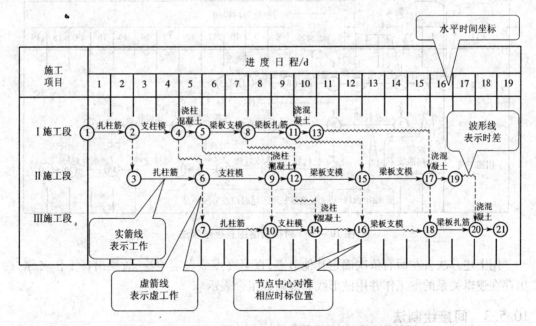

图 10-24　某框架结构标准层流水施工时间坐标网络计划

10.5.1　时标网络图绘制表达方法

(1)时标网络必须以水平时间坐标为尺度表示工作时间,时标的时间单位可为天、周、旬、月或季。

(2)时标网络以实箭线表示工作,以虚箭线表示虚工作,波形线表示工作的自由时差。箭线宜用水平箭线或由水平段和垂直段组成的箭线,不宜用斜箭线。

(3)时标网络中所有编号在时间坐标上的水平投影位置必须与其时间参数相对应,节点中心必须对准相应的时标位置。虚工作以垂直方向的虚箭线表示,有自由时差时加波形线表示。

(4)时标网络宜按最早时间编制。

(5)时标计划表中的刻度线宜为细线。为使图面清楚,此线也可不画或少画。

(6)时标网络的绘制方法有直接绘制法和间接绘制法。

10.5.2　直接绘制法

直接绘制法是指不经计算直接绘制时标网络图,适用于小型网络或分段网络的手工绘制,如图10-25所示。其方法及特点如下:

(1)按工作开展的先后顺序详细列出各工作名称和持续时间;

(2)从起点节点开始,自左而右依次定位各工作的箭尾和箭头节点,绘出箭线,直至终点节点绘完;

(3)箭尾节点定位在最早开始时间刻度上,箭头节点定位在最迟完成时间刻度上,当工作的箭线长度达不到该节点时,用波形线补足。

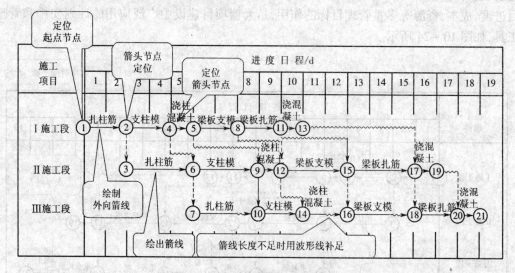

图 10-25　时标网络图直接绘制法

用上述方法自左而右依次确定其他节点,直至终点节点定位绘完;绘出各工作名称;找出存在逻辑关系的虚工作并用波形线和虚箭线组合表示。

10.5.3　间接绘制法

间接绘制法适用于复杂、大型时间坐标网络计划的绘制。

(1)先绘出一般双代号网络计划,算出时间参数,确定出关键线路。

(2)绘制时标网络时,宜先绘出关键线路,再绘出非关键线路,某些工作箭线长度不足以达到该工作的完成节点时,用波形线补足,箭头画在波形线与节点的连接处,如图10-26和图10-27所示。

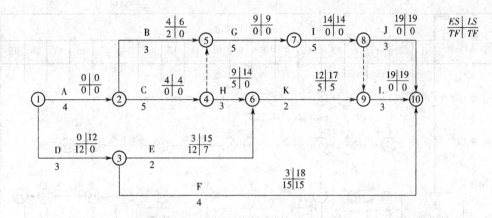

图 10 – 26　先绘制双代号网络计划并计算时间参数

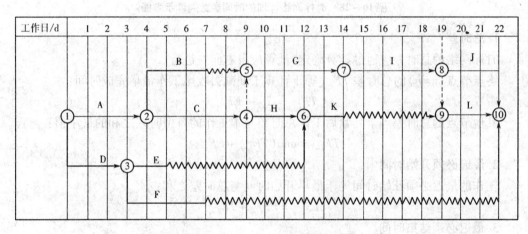

图 10 – 27　时标网络计划图转换

10.5.4　关键线路和时间参数的确定

（1）关键线路：自终点节点逆箭线方向朝起点节点观察，自始至终不出现波形线的线路为关键线路。

（2）计算工期：时标网络的终点节点至起点节点所在位置的时标值之差是时标网络的计算工期。

（3）最早开始时间和最早结束时间：在早时间时标网络图中，每条箭线的箭尾和箭头对应的时标值是该工作的最早开始时间和最早结束时间。

（4）自由时差：各工作的自由时差为代表该工作箭线的波形线在坐标轴上的水平投影长度。

10.5.5　时标网络计划的时间参数判读

自终点节点逆箭线方向朝起点节点观察，不出现波形线的线路为关键线路。网络的终点节点至起点节点的时标值之差是时标网络的计算工期。箭尾和箭头节点对应的时标值是该工作的最早开始时间和最迟结束时间。最早开始时间、最迟结束时间、最早结束时间和自由时差如图 10 – 28 所示。

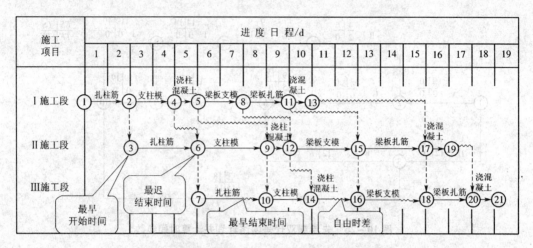

图 10-28　时标网络计划的时间参数判读示意图

1. 总时差

时标网络的总时差应通过计算确定,计算应自右向左进行。

终点节点($j=n$)的总时差 TF_{i-n} 等于计算工期减去收尾工作最早完成时间:

$$TF_{i-n} = T_c - EF_{i-n}$$

其他节点的总时差等于其紧后工作总时差与本工作的自由时差之和的最小值:

$$TF_{i-j} = \min(TF_{j-k} + FF_{i-j})$$

2. 最迟必须开始时间

工作的最迟必须开始时间等于最早开始时间与总时差之和:

$$LS_{i-j} = ES_{i-j} + TF_{i-j}$$

3. 最迟必须结束时间

工作的最迟必须结束时间等于最早结束时间与总时差之和:

$$LF_{i-j} = EF_{i-j} + TF_{i-j}$$

10.6　网络计划的优化

网络计划的优化是按照期望的目标(工期、资源、成本)对初始网络计划进行调整、改进,以获得满意的施工组织计划。按期望目标的不同,网络优化分为工期优化、资源优化、工期-费用(成本)优化,在此仅介绍工期优化及其方法。

10.6.1　工期(时间)优化

当初始网络计划的计算工期大于计划工期($T_c > T_p$)时,可通过压缩关键线路上工作的持续时间或调整工作关系,以满足目标工期的要求。

1. 压缩关键线路法

通过对关键线路上的某些关键工作采取一定的施工技术或施工组织措施(如增加人员、周转材料、设备,增加工作班次或延长工时、组织抢工赶工等),缩短工作持续时间,从而压缩关键线路长度,达到缩短计算工期的目的。

压缩关键工作的注意事项:

（1）采取增加资源投入压缩关键工作时，宜利用非关键工作的机动时间，可将非关键工作的部分资源转移至需压缩的关键工作上；

（2）增加资源投入时应保证有足够的工作面来展开工作；

（3）采用节假日不休息、12 小时工作制或两班制作业要符合相关劳动法规；

（4）缩短工作持续时间，应不降低工程质量和不影响安全施工；

（5）优先选择缩短工作时间所需增加费用较少的方案；

（6）不能将关键工作压缩成非关键工作，在压缩过程中会出现关键线路的变化（转移或增加条数），必须保证每一步的压缩都是有效压缩；

（7）在优化过程中如果出现多条关键线路时，必须考虑压缩公用的关键工作，或将各条关键线路上的关键工作都压缩同样的数值，否则不能有效地将工期压缩。

2. 调整工作关系法

调整某些工作间的逻辑关系，组织平行流水和交叉施工，把原网络计划中某些串联的工作调整为平行进行或搭接工作，也可以达到压缩计算工期的目的。

10.6.2　工期优化方法与示例

（1）找出网络计划中的关键工作和关键线路（如用标号法），并计算出计算工期。

（2）按计划工期计算应压缩的时间 ΔT，即

$$\Delta T = T_c - T_p$$

式中　T_c——网络计划的计算工期；

T_p——网络计划的计划工期。

（3）选择被压缩的关键工作，在确定优先压缩的关键工作时，应考虑以下因素：

①缩短工作持续时间后，对质量和安全影响不大；

②有充足的资源；

③缩短工作的持续时间所需增加的费用最少。

（4）将优先压缩的关键工作压缩到最短的工作持续时间，并找出关键线路和计算出网络计划的工期；如果被压缩的工作变成了非关键工作，则应将其工作持续时间延长，使之仍然是关键工作。

（5）若已经达到工期要求，则优化完成。若计算工期仍超过计划工期，则按上述步骤依次压缩其他关键工作，直到满足工期要求或工期已不能再压缩为止。

（6）当所有关键工作的工作持续时间均已经达到最短而工期仍不能满足要求时，应对计划的技术、组织方案进行调整，或对计划工期重新审订。

【例 10-1】已知网络计划如图 10 - 29 所示，箭线下方括号外为正常持续时间，括号内为最短工作历时，假定计划工期为 100 d，根据实际情况和考虑被压缩工作选择的因素，缩短顺序依次为 B、C、D、E、G、H、I、A，试对该网络计划进行工期优化。

【解】（1）找出关键线路和计算出计算工期，如图 10 - 30 所示。

（2）计算应缩短的工期：

$$\Delta T = T_c - T_p = 120 - 100 = 20(d)$$

（3）根据已知条件，将工作 B 压缩到极限工期，再重新确定网络计划和关键线路，如图 10 - 31 所示。

（4）显然，关键线路已发生转移，关键工作 B 变为非关键工作，所以只能将工作 B 压缩

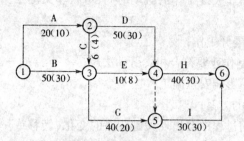

图 10-29　初始网络计划图

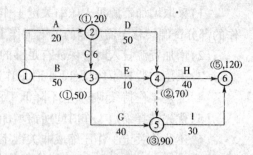

图 10-30　找出关键线路和计算出计算
工期示意图

10 d,使之仍然为关键工作,如图 10-32 所示。

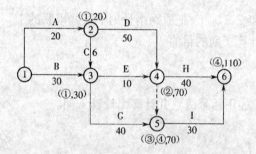

图 10-31　压缩 B 工作 20 d

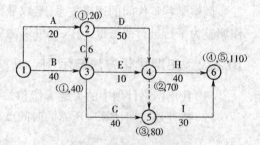

图 10-32　压缩 B 工作 10 d

(5)再根据压缩顺序,将工作 D、G 各压缩 10 d,使工期达到 100 d 的要求,如图 10-33 所示。

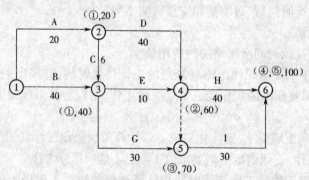

图 10-33　压缩 D、G 工作各 10 d

复习思考题

1.什么是网络图? 什么是网络计划?

2.什么是逻辑关系? 虚工作的作用是什么? 举例说明。

3.双代号网络图绘制规则有哪些?

4.一般网络计划要计算哪些时间参数? 简述各参数的符号。

5.什么是总时差? 什么是自由时差? 两者有何关系?

6.什么是关键线路? 对于双代号网络计划和单代号网络计划如何判断关键线路?

7.简述双代号网络计划中工作计算法的计算步骤。

8.简述单代号网络计划与双代号网络计划的异同。

9.时标网络计划有什么特点?

10.简述网络计划优化的分类。

11.简述网络计划与流水原理安排进度计划本质的不同。

计算题

1.某网络计划的有关资料如下表所示,试绘制双代号网络计划,并在图中标出各项工作的六个时间参数,用双箭线标明关键线路。

工作	A	B	C	D	E	F	G	H	I	J	K
持续时间	22	10	13	8	15	17	15	6	11	12	20
紧前工作	—	—	B、E	A、C、H	—	B、E	E	F、G	F、G	A、C、I、H	F、G

2.某网络计划的有关资料如下表所示,试绘制双代号时标网络计划,并确定各项工作的六个时间参数和关键线路。

工作	A	B	C	D	E	G	H	I	J	K
持续时间	2	3	5	2	3	3	2	3	6	2
紧前工作	—	A	A	B	B	D	G	E、G	C、E、G	H、I

第 11 章　施工组织总设计与单项(位) 施工组织设计

11.1　施工组织总设计

11.1.1　编制依据

1.建设项目基础文件

(1)建设项目可行性研究报告及其批准文件。

(2)建设项目规划红线范围和用地批准文件。

(3)建设项目勘察设计任务书、图纸和说明书。

(4)建设项目初步设计或技术设计批准文件以及设计图纸和说明书。

(5)建设项目总概算、修正总概算或设计总概算。

(6)建设项目施工招标文件和工程承包合同文件。

2.工程建设政策、法规和规范资料

(1)关于工程建设报建程序有关规定。

(2)关于动迁工作有关规定。

(3)关于工程项目实行建设监理有关规定。

(4)关于工程建设管理机构资质管理有关规定。

(5)关于工程造价管理有关规定。

(6)关于工程设计、施工和验收有关规定。

3.建设地区原始调查资料

(1)地区气象资料。

(2)工程地形、工程地质和水文地质资料。

(3)地区交通运输能力和价格资料。

(4)地区建筑材料、构配件和半成品供应状况资料。

(5)地区进口设备和材料到货口岸及其转运方式资料。

(6)地区供水、供电、电信、供热能力和价格资料。

(7)地区土建和安装施工企业状况资料。

4.类似施工项目经验资料

(1)类似施工项目成本控制资料。

(2)类似施工项目工期控制资料。

(3)类似施工项目质量控制资料。

(4)类似施工项目安全、环保控制资料。

(5)类似施工项目技术新成果资料。

(6)类似施工项目管理新经验资料。

11.1.2　编制程序

施工组织总设计编制程序,如图 11 - 1 所示。

11.1.3　工程概况

工程概况是对整个建设项目所做的一个简单扼要、重点突出的文字介绍,为清晰易读(或弥补文字介绍的不足),可辅以图表说明。工程概况包括建设项目主要情况和主要施工条件。

1. 建设项目主要情况

建设项目主要情况包括以下内容。

(1)项目名称、性质(工业或民用项目的使用功能)、地理位置和建设规模(包括项目占地总面积、投资规模或产量、分期分批建设范围等)。

(2)项目的建设、勘察、设计和监理等相关单位的情况。

(3)项目设计概况,包括建筑面积、建筑高度、建筑层数、结构形式、建筑结构及装饰用料、建筑抗震设防烈度、安装工程和机电设备的配置等。

(4)项目承包范围及主要分包工程范围。

(5)施工合同或招标文件对项目施工的重点要求。

2. 建设项目主要施工条件

(1)建设地点气象状况:气温、雨、雪、风和雷电等气象情况,冬、雨期的期限,土的冻结深度等。

(2)地形地貌和水文地质:施工场地地形变化和绝对标高、地质构造、土的性质和类别、地基土承载力、地下水位及水质等。

(3)施工障碍物:施工区域地上、地下管线及相邻地上、地下建(构)筑物情况。

(4)施工道路、河流状况:可利用的永久性道路、通行(航)标准、河流流量、最高洪水位和枯水期水位等。

(5)当地建筑材料、设备供应和交通运输等服务能力状况。

(6)按施工需求描述当地供电、供水、供热和通信等相关资源的提供能力及解决方案。

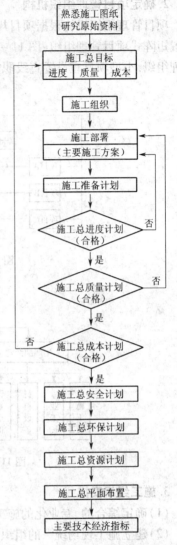

图 11 - 1　施工组织总设计编制程序

11.1.4　施工部署

对项目实施过程作出的统筹规划和全面安排,包括项目施工主要目标、施工顺序及空间组织、施工组织安排等。

1. 确定施工总目标

根据招标文件和施工合同要求,分别确定先进、可行的进度、质量、安全、环境保护和降低成本目标。根据项目施工总目标的要求,确定项目分阶段(分期)交付的计划。

2. 确定项目管理组织机构

项目管理组织机构根据项目规模、复杂程度、专业特点和地域范围确定。大中型项目宜设置矩阵式项目管理组织(图11-2),远离企业管理层的大中型项目宜设置事业部式项目管理组织,小型项目宜设置直线职能式项目管理组织(图11-3)。

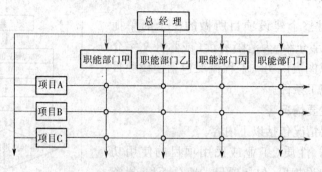

图 11-2　矩阵式项目管理组织

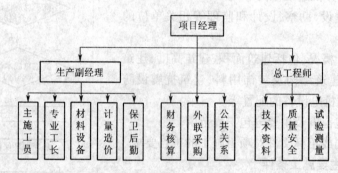

图 11-3　直线职能式项目管理组织

3. 施工组织安排

(1)确定综合的、专业化的施工队伍,划分施工任务。

(2)建立施工现场统一的组织领导机构及协调机制,明确各单位之间的总分包职责、分工协作关系及施工要求。

(3)对项目施工的重点、难点进行简要分析,对项目施工拟采用的新技术、新工艺作出实施部署。

(4)划分施工阶段,确定分期分批施工的主攻项目及穿插项目。

4. 确定工程展开顺序

根据建设项目总目标的要求,确定合理的各项工程的总展开顺序是关系到整个建设项目能否按时建成的重大问题,也是施工部署中组织施工全局生产活动的战略目标。在确定施工展开顺序时,主要应考虑以下几点。

1)划分独立交工系统,分期分批施工

在满足工期要求的前提下,可独立投产或交付使用的子系统实行分期分批建设,既可在全局上实现施工的连续性、均衡性,减少临时设施,降低工程成本,又可使各子系统迅速建成、尽早投入使用、发挥投资效益。施工期长、技术复杂、施工困难的工程,应提前安排施工;急需的和关键的工程应先期施工和交工。可供施工使用的永久性工程和公用设施工程应提前施工和交工(包括供水设施、排水干线、输电线路、配电变压所、交通道路等)。按生产工艺要求起主导作用或必须先期投入生产的工程应优先安排;生产上需先期使用的机修车间、车库、办公楼及家属宿舍等应提前施工和交工等。

2)流水施工和交叉作业的展开原则

(1)一般应按先地下后地上、先深后浅、先干线后支线的原则进行安排,如路下的管线先施工,然后修筑道路。

(2)应注意已完工程的生产或使用和在建工程的施工互不妨碍,使生产、施工两相便。

(3)施工程序应与各类物资的供应及技术条件相平衡,并合理利用这些资源,促进均衡施工。

5. 季节对施工的影响

应考虑冬季施工的特点,正确确定冬季施工的工程项目,既保证施工的连续性和全年性,又要考虑其经济性和复杂性。例如,大规模土方工程和深基础施工一般要避开雨季;寒冷地区的房屋施工尽量在入冬前封闭,使冬季可进行室内作业和设备安装。

11.1.5　施工总进度计划的编制

施工总进度计划的编制是以拟建项目交付使用时间为目标的控制性施工进度计划。它根据施工部署的要求,合理确定每个交工系统及单项工程的控制工期以及施工顺序和搭接关系,从而确定施工现场劳动力、材料、施工机械、成品、半成品的需要量和调配情况,现场临时设施的数量及供水、供电和其他动力的需要数量等。

编制施工总进度计划的基本要求是:保证拟建工程在规定的期限内完成,采用合理的施工方法保证施工的连续性和均衡性,发挥投资效益,节约施工费用。

施工总进度计划的编制应根据施工部署中分期分批投产顺序,将每个交工系统的各项工程分别列出,在控制的期限内进行各项工程的具体安排。施工总进度计划的编制方法和步骤因各行业和具体编制人员的经验而有所不同,一般可按下述方法进行编制。

1. 列出工程项目一览表并计算工程量

1)划分工程项目

通常按照分期分批投产顺序和工程展开顺序划分,项目划分不宜过细,应突出主要工程项目,一些附属项目、辅助工程、临时设施可以合并列出。

2)估算主要项目的实物工程量

根据初步(扩大初步)设计图纸和定额手册或有关资料计算工程量,常用的定额资料有以下几种:

(1)万元、十万元投资工程量、劳动力及材料消耗扩大指标;

(2)概算指标或扩大结构定额;

(3)标准设计或已建房屋、构筑物的资料。

除房屋外,还必须确定主要的全场性工程的工程量,如场地平整、铁路及道路和地下管线的长度等,这些可根据建筑总平面图来计算。

按上述方法计算出的工程量,应填入统一的工程量汇总表中,见表 11 – 1。

表 11 –1　工程项目工程量汇总表

工程项目分类	工程项目名称	结构类型	建筑面积	幢(跨)数	概算投资	主要实物工程						
						场地平整	土方工程	桩基工程	…	砖石工程	钢筋混凝土工程	…	装饰工程	…
			1 000 m²	个	万元	1 000 m²	1 000 m³	1 000 m²		1 000 m³	1 000 m²		1 000 m²	
全工地性工程														
主体项目														
辅助工程														
永久住宅														
临时建筑														
合计														

2. 确定各单位工程的施工期限

影响单位工程施工期限的因素很多,如建筑类型、结构特征、施工方法、施工技术、施工管理水平、机械化程度及施工现场的地形和地质条件等。因此,各单位工程的工期应根据现场具体条件,综合考虑上述影响因素后予以确定。此外,也可参考有关的工期定额(或指标)来确定各单位工程的施工期限。

3. 确定各单位工程的开竣工时间和搭接关系

确定各主要单位工程的施工期限后,就可具体确定各单位工程的开竣工时间,并安排各单位工程搭接施工的时间,尽量使主要工种的工人能连续、均衡地施工。在具体安排时应着重考虑以下几点:

(1)同一时期开工的项目不宜过多,以避免分散有限的人力和物力;

(2)力求使主要工种、施工机械及土建中的主要分部分项工程连续施工;

(3)尽量使劳动力、技术物资在全工程上均衡消耗,避免出现短时间高峰和长时间低谷的现象,以利于劳动力的调度和原材料的供应;

(4)满足生产工艺要求,根据工艺所确定的分期分批建设方案,合理安排各个建筑物的施工顺序和搭接关系,做到土建施工、设备安装和试生产在时间和量的比例上均衡、合理,实现生产一条龙;

(5)确定一些后备工程,调节主要项目的施工进度,如将宿舍、办公楼、附属和辅助设施等作为调剂项目,穿插在主要项目的流水作业中,以便在保证重点工程项目的前提下实现均衡施工。

4. 编制施工总进度计划

以上各项工作完成后,即可着手编制施工总进度计划。可以采用横道图或网络图表达施工总进度计划,由于其主要在总体上起控制作用,故不宜搞得过细,否则不利于调整和实现过程中的动态控制。

1)采用横道图编制

按施工总体方案确定的工程展开程序编制项目施工初步总进度计划,并绘制出建设项目的资源动态曲线,评估其均衡性,如果曲线上存在着较大的高峰或低谷,按照综合平衡的要求进行调整,使各个时期的工作量和物资消耗尽量达到均衡,再编制正式施工总进度计划。

2)采用网络图编制

依据各项目的施工期限和逻辑关系编制草图,进行进度目标、成本目标、资源目标优化,得到正式施工总进度计划网络图,确定关键线路和关键工作作为项目实施过程中的重点控制对象。

11.1.6　施工准备及主要资源配置计划

1.总体施工准备工作

总体施工准备包括现场准备、技术准备、组织准备和物资准备等,应根据施工开展顺序和主要项目施工方法,编制项目全场性的施工准备工作计划,其主要内容包括:

(1)做好土地征用、居民拆迁和现场障碍物拆除工作;

(2)做好水、电、气、通信、道路和场地平整等“五通一平”工作;

(3)安排好生产、生活基地建设,包括商品混凝土搅拌站、预制构件场、钢筋及木材加工场、机修场及职工生活设施等。

1)现场准备工作

(1)调查施工地区的自然条件、技术经济条件,分析对施工有利和不利的条件及对策。

(2)编制指导项目全面施工的《施工组织总设计》,组织先期开工项目的技术交底和图纸会审工作。

(3)建立测量控制网,接收业主移交的水准基桩和坐标控制桩,建立测量控制网和永久性标桩。

2)技术准备工作

(1)进行混凝土、砂浆配合比的试拌试配工作,对各种试验及检测设备进行检定和校验,对拟采用的新工艺、新材料、新技术进行试验、检验和技术鉴定。

(2)做好冬雨期施工的特殊准备工作及工人的进场安全教育。

3)组织准备及物资准备工作

(1)落实、审查分包单位资质,签订分包合同,安排施工力量的集结及分期分批进场。

(2)施工条件准备:与城市规划(定位、验线)、环卫(渣土外运)、城管(临街工程占道)、交通(城市道路开口)、供电(施工用电增容)、供水(开口及装表)、消防(消防通道)、市政(污水排放)等政府部门接洽,尽早办理申请手续和批准手续。

(3)进行材料和设备的加工和订货,制定分批进场计划。

4)施工准备工作

为落实各项施工准备工作,加强检查和监督,必须根据各项施工准备工作的内容、时间和人员,编制出施工准备工作计划。

2.计算工地临时供水、供电需用量

1)工地临时供水需用量

建筑工地临时供水主要包括工程施工用水、施工机械用水、生活用水和消防用水等。

(1)工程施工用水量 q_1 计算:

$$q_1 = 1.1 \times \frac{\sum Q_1 N_1 K_1}{t \times 8 \times 3\,600} \tag{11-1}$$

式中　Q_1——年(季、月)度工程量(以实物计量单位表示);

　　　N_1——各工种工程施工用水定额;

　　　K_1——各工种工程施工用水不均匀系数,取 1.25~1.50;

　　　t——年(季、月)度有效工作日(d),按每天一班计。

(2)施工机械用水量 q_2 计算:

$$q_2 = 1.1 \times \frac{\sum Q_2 N_2 K_2}{8 \times 3\,600} \tag{11-2}$$

式中　Q_2——同一种机械台数(台);

　　　N_2——施工机械台班用水定额;

　　　K_2——施工机械用水不均匀系数,取 1.1~1.50。

(3)生活用水量 q_3 计算:

$$q_3 = 1.1 \times \frac{P N_3 K_3}{24 \times 3\,600} \tag{11-3}$$

式中　P——工地施工高峰人数;

　　　N_3——每人每日生活用水定额;

　　　K_3——每日生活用水不均匀系数,取 1.5~2.0。

(4)消防用水量 q_4 计算,见表 11-2。

表 11-2　消防用水量 q_4 计算表

用水名称		火灾同时发生次数	耗水量/(L/s)
施工生活区 消防用水	5 000 人以内	一次	10
	10 000 人以内	二次	10~15
	25 000 人以内	二次	15~20
施工现场 消防用水	施工现场在 25 ha 内	一次	10~15
	每增加 25 ha 递增		5

(5)工地总用水量 Q 计算:

当 $q_1 + q_2 + q_3 \leqslant q_4$ 时,则

$$Q = q_4 + 0.5(q_1 + q_2 + q_3) \tag{11-4}$$

当 $q_1 + q_2 + q_3 > q_4$ 时,则

$$Q = q_1 + q_2 + q_3 \tag{11-5}$$

2)工地临时供电需用量

(1)用电量计算包括施工及照明两个方面,工地供电设备总需要容量 $P(\mathrm{kV \cdot A})$ 按下式计算:

$$P = 1.1 \times \left(K_1 \frac{\sum P_1}{\cos \phi} + K_2 \sum P_2 + K_3 \sum P_3 + K_4 \sum P_4 \right) \tag{11-6}$$

式中　P_1——电动机额定功率(kW);

P_2——电焊机额定容量(kV·A);

P_3——室内照明容量(kV·A);

P_4——室外照明容量(kV·A);

$\cos \phi$——电动机的平均功率因数,一般取 0.65 ~ 0.75;

K_1、K_2、K_3、K_4——需要系数,见表 11 - 3。

表 11 - 3　需要系数(K 值)表

用电名称	数量	需要系数			
		K_1	K_2	K_3	K_4
电动机	3 ~ 10 台	0.7			
	11 ~ 30 台	0.6			
	30 台以上	0.5			
加工场动力设备		0.5			
电焊机	3 ~ 10 台		0.6		
	10 台以上		0.5		
室内照明	备注:施工现场的照明用电量所占比重很小,在估算总用电量的实际操作中不考虑照明用电量,只需在动力用电量之外增加 10% 即可			0.8	
主要道路照明、警卫照明、场地照明					1.0

(2)变压器容量 P 计算:

$$P = 1.05 \times \frac{\sum P_{max}}{\cos \varphi}$$

式中　P——变压器容量(kV·A);

$\sum P_{max}$——施工区的最大计算负荷(kW);

$\cos \varphi$——用电设备功率因素,一般建筑工地取 0.75。

(3)配电线路和导线截面选择:配电线路的布置方案有枝状、环状和混合式三种,一般 3 ~ 10 kV 高压线路宜采用环状,380/220 V 低压线路可采用枝状;导线截面应满足力学强度、允许电流和允许电压降的要求。

3. 主要资源配置计划

各项资源需要量计划是做好劳动力及物资供应、调度、平衡、落实的依据,其内容包括以下几个方面:劳动力需要量计划、建筑材料需要量计划、预制加工品需要量计划、施工机具需要量计划和生产工艺设备需要量计划等。

1)劳动力需要量计划

劳动力需要量计划是根据施工方案、施工进度和施工预算,依次确定专业工种、进场时间、劳动量和工人数,然后汇集成表格形式。它可作为现场劳动力调配的依据,如表 11 - 4

所示。

表 11 - 4　劳动力需要量计划表

序号	专业工种		劳动量(工日)	需要人数和时间									备注
	名称	级别		×月			×月			×月			
				I	II	III	I	II	III	I	II	III	

2)建筑材料需要量计划

建筑材料需要量计划是根据施工预算工料分析和施工进度,依次确定材料名称、规格、数量和进场时间,并汇集成表格形式。它可作为备料、确定堆场和仓库面积以及组织运输的依据,如表 11 - 5 所示。

表 11 - 5　建筑材料需要量计划表

序号	材料名称	规格	需要量		需要时间									备注
					×月			×月			×月			
			单位	数量	I	II	III	I	II	III	I	II	III	

3)预制加工品需要量计划

预制加工品需要量计划是根据施工预算和施工进度计划而编制的。它可作为加工订货、确定堆场面积和组织运输的依据,如表 11 - 6 所示。

表 11 - 6　预制加工品需要量计划表

序号	预制加工品名称	型号/图号	规格尺寸/mm	需要量		要求	备注
				单位	数量	供应起止日期	

4)施工机具需要量计划

施工机具需要量计划是根据施工方案和施工进度而编制的。它可作为落实施工机具来源和组织施工机具进场的依据,如表 11 - 7 所示。

表 11－7　施工机具需要量计划表

序号	施工机具名称	型号	规格	电功率/ kW	需要量 /台	使用时间	备注

5)生产工艺设备需要量计划

生产工艺设备需要量计划是根据生产工艺布置图和设备安装进度而编制的。它可作为生产设备订货、组织运输和进场后存放的依据,如表 11－8 所示。

表 11－8　生产工艺设备需要量计划表

序号	生产机具名称	型号	规格	电功率/ kW	需要量 /台	进场时间	备注

6)施工设施需要量计划

根据项目施工需要,确定相应施工设施,通常包括施工安全设施、施工环保设施、施工用房屋、施工运输设施、施工通信设施、施工供水设施、施工供电设施和其他设施。

11.1.7　施工总平面图设计

1. 施工总平面图设计的原则

(1)尽量减少施工用地,少占农田,使平面布置紧凑合理。

(2)合理组织运输,减少运输费用,保证运输方便通畅。

(3)施工区域的划分和场地的确定,应符合施工流程要求,尽量减少专业工种和各工程之间的干扰。

(4)充分利用各种永久性建筑物、构筑物和原有设施为施工服务,降低临时设施费用。

(5)各种临时设施应便于满足生产和生活需要。

(6)满足安全防火、劳动保护、环境保护等要求。

2. 施工总平面图设计的内容

(1)一切地上、地下已有或拟建的(建)(构)筑物及其他设施的位置和尺寸。

(2)一切为施工服务的临时设施的布置,包括:

①施工用地范围,施工用的各种道路;

②加工场、搅拌站等生产性临建设施及大型机械的位置;

③建筑材料、构件、半成品的仓库和堆场,取土、弃土位置;

④工地办公室、会议室、宿舍、食堂等生活性临建设施;

⑤水源、电源、变压器位置,临时供电、给排水管线;

⑥地形、地面及永久性测量放线标桩位置。

大型建设项日应按不同阶段分别绘制施工总平面图,并根据工地的实际变化,及时修改或调整施工总平面图。

3.施工总平面图的设计步骤

1)场外交通道路的引入与场内布置

一般大型工业企业厂区内部都有永久性道路,可提前修建以为工程服务。

(1)当大宗施工物资由铁路运输时,重点考虑其转弯半径和坡度限制,铁路的布置最好沿着工地周围或各独立施工区周围铺设,以免与工地内部运输线交叉,妨碍工地内部运输。

(2)当大量物资采用公路运输时,公路应与加工场、仓库的位置结合布置,使其尽可能布置在最经济合理的地方,并与场外道路连接,符合标准要求。

(3)当采用水路运输时,应充分利用原有码头的吞吐能力。当需增设码头时,卸货码头不应少于两个,其宽度应大于 2.5 m,并考虑在码头附近布置主要加工场和转运仓库。

2)确定仓库和材料堆场的位置

仓库和材料堆场应设置在运输方便、位置适中、运距较短且安全防火的地方,并应区别不同材料、设备和运输方式来设置。

(1)当采用铁路运输时,中心仓库尽可能沿铁路专用线布置,并在仓库前留有足够的装卸前线,否则要在铁路线附近设置转运仓库,且该仓库应设置在工地同侧,以免内部运输跨越铁路。在斜坡与管道经过处不宜设置仓库或堆场。

(2)当采用公路运输时,中心仓库可布置在工地中心区或靠近使用的地方,也可布置在工地入口处。大宗材料的堆场和仓库,可布置在相应的搅拌站、预制场或加工场附近。如砂、石、水泥、石灰、木材等仓库或堆场宜布置在搅拌站、预制场和木材加工场附近,以减少二次搬运;砖、瓦和预制构件等仓库或堆场应布置在垂直运输机械工作范围内,靠近用料地点。

(3)当采用水路运输时,应在码头附近设置转运仓库,以减少船只在码头上的停留时间。

(4)工业项目的重型工艺设备,尽可能运至车间附近的设备组装场停放,普通工艺设备可停放在车间外围或其他空地上。

3)搅拌站和加工场的布置

混凝土搅拌站的布置有集中、分散、集中与分散相结合三种方式。

(1)当现场有足够的混凝土输送设备时,混凝土搅拌站宜集中布置,其位置可采用线性规划方法确定,或现场不设搅拌站而使用商品混凝土。

(2)当运输条件较差时,混凝土搅拌站宜分散布置在使用点附近或垂直运输设备旁,或采用集中和分散相结合的方式。

(3)临时混凝土预制构件加工场尽量利用建设单位的空地布置,一般宜布置在工地边缘、材料堆场专用线转弯的扇形地带或场外临近处。

(4)钢筋加工场宜布置在混凝土构件预制场或主要施工对象附近。木材加工场的原木、锯材堆场应靠近铁路、公路或水路沿线;锯木、成材、粗细木加工间和成品堆场应按工艺流程布置,并应设在施工区的下风向边缘。

(5)金属结构、锻工、电焊和机修等车间,因其在生产上联系密切,应尽可能布置在一起。

(6)产生有害气体和污染环境的加工场,如沥青熬制、生石灰熟化、石棉加工场等,应位于施工现场的下风向,且不危害当地居民。

(7)各种加工场的布置均应以方便生产、安全防火、保护环境和运输费用少为原则进行布置。

4)场内运输道路的布置

(1)首先根据施工项目与堆场、仓库、加工场的相应位置,以使大宗材料、构件的运输快捷、方便为原则规划施工主干道,然后优化确定场内运输路网结构和主次道路的相互位置。道路布置应考虑车辆的行驶安全、运输方便和道路修筑费用低。

(2)场内主干道应采用双车道环行布置,宽度不小于 6 m;次要道路可采用单车道,宽度不小于 3.5 m;道路应有 2 个以上出入口,道路末端要设置回车场。

(3)临时道路要把仓库、加工场、堆场和施工点串联起来,尽可能利用原有道路或拟建的永久性道路,提前修建永久性道路的路基和简单路面,既可为施工服务,又可节约投资。

(4)合理安排施工道路与场内地下管网间的施工顺序,保证场内运输道路时刻通畅,尽量避免临时道路与铁轨、塔轨交叉。

(5)合理选择运输道路的路面结构,一般场区外与省、市公路相接的干线可直接建成混凝土路面;场区内的干线和施工机械行驶路线,最好采用碎石级配路面,以利修补;场区内的支线一般为土路或砂石路。

5)临时生活设施的布置

工地临时生活设施包括办公室、汽车库、职工休息室、开水房、食堂和浴室等,所需面积应根据工地施工人数进行计算。

(1)应尽量利用现有的或拟建的永久性房屋为施工服务,数量不足时再临时修建,临时房屋应尽量利用活动房屋。

(2)全工地行政管理用房宜设在工地入口处,以便对外联系;亦可设在工地中间,便于全工地管理;现场办公室应靠近施工地点。

(3)职工的生活福利设施,如小卖部、俱乐部等,宜设在工人较集中的地方或工人出入必经之处;职工宿舍一般设在场外,距工地 500～1 000 m 为宜;食堂可布置在生活区,也可视条件设在工地与生活区之间。

6)临时水电管网及其他动力设施的布置

(1)当有可利用的水源、电源时,可将水电从场外接入工地,沿主要干道布置干管、主线,再与各施工点接通。施工总变电站应设置在高压电引入处,不应设在工地中心,以免高压电线经过工地内部引起事故;临时水池应设在地势较高处。

(2)当无法利用现有的水电时,可在工地中心附近处设置临时发电站,沿干道布置主线;为获得水源,可利用地表水或地下水,并设置抽水设备和加压设备(简易水塔或加压泵),以便储水和提高水压,然后把水管接出,布置管网。

(3)根据工程防火规定,应设置消防栓、消防站。消防站应设置在易燃建筑物(木材、仓库等)附近,并有通畅的出口和消防车道,其宽度不宜小于 6 m,与拟建房屋的距离不得大于 25 m,也不得小于 5 m。沿道路布置消防栓时,其间距不得大于 10 m,消防栓到路边的距离不得大于 2 m。

(4)应在工地四周设立围墙并在出入口设立门岗。主入口门头必须设立企业标志,临近市区主干道的围墙高于 2.4 m,一般路段高于 1.8 m。

11.2　单项(位)施工组织设计

11.2.1　编制依据

(1)单项(位)工程全部施工图纸及其标准图。
(2)单项(位)工程地质勘察报告、地形图和工程测量控制网。
(3)单项(位)工程预算文件和资料。
(4)建设项目施工组织总设计对本工程的工期、质量和成本控制的目标要求。
(5)承包单位年度施工计划对本工程开竣工的时间要求。

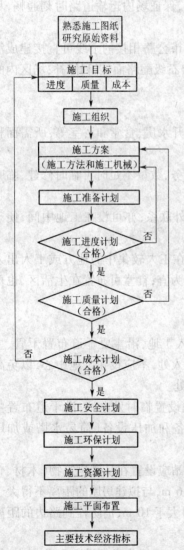

**图 11 - 4　单项(位)施工组织设计
编制程序**

11.2.2　编制程序

单项(位)施工组织设计编制程序如图 11 - 4 所示。

11.2.3　编制内容

1. 工程概况

1)工程性质和作用

主要说明:工程类型、使用功能、建设目的、建设工期、质量要求和投资额以及工程建成后的地位和作用。

2)建筑和结构特征

主要说明:工程平面组成、层数、层高和建筑面积,并附以平面、立面和剖面图;结构特点、复杂程度和抗震要求,并附以主要工种工程量一览表。

3)建造地点特征

主要说明:建造地点及其空间状况;气象条件及其变化状况;工程地形和工程地质条件及其变化状况;水文地质条件及其变化状况;冬期施工起止时间和土壤冻结深度。

4)工程施工特征

结合工程具体施工条件,找出其施工全过程的关键工程,并从施工方法和措施方面给以合理解决。在单层装配式工业厂房施工中,要重点解决地下工程、预制工程和结构安装工程。在多层民用房屋施工中,要重点解决地下工程、主体结构工程和装饰工程。

2. 施工目标

根据单项(位)工程施工合同要求的目标,确定其施工目标。该目标必须满足或高于合同要求目标,并作为控制施工进度、质量和成本计划的依据。它可分为控制工期、控制成本和控制质量等级,如表 11 - 9 所示。

表 11 -9　施工控制目标明细表

序号	工程名称	建筑面积/m²	控制工期(月)	控制成本(万元)	控制质量等级(合格)

3. 施工(管理)组织

1)确定施工管理组织目标

根据施工目标,确定施工管理组织目标,建立项目管理组织机构。

2)确定施工管理工作内容

通常施工管理工作内容可分为施工进度控制、质量控制、成本控制、合同管理、信息管理和组织协调。

3)确定施工管理组织机构

Ⅰ.确定组织机构形式

组织机构形式通常有直线式、直线职能式和矩阵式三种形式。

Ⅱ.确定组织管理层次

组织管理层次可分为决策层、控制层和作业层三层。

Ⅲ.制定岗位职责

组织内部的每个岗位职务和职责必须明确,责任和权利必须一致,并形成相应规章和制度。

Ⅳ.选派管理人员

按照岗位职责需要,选派称职管理人员,组成精干高效的项目经理部,签订相应项目管理协议。

4. 施工方案

1)确定施工起点流向

施工起点流向是指单项工程在平面上和竖向上施工开始部位和进展方向。它主要解决施工项目在空间上施工顺序合理的问题。其决定因素包括:

(1)单项(位)工程生产工艺要求;

(2)建设单位对单项(位)工程投产或交付使用的工期要求;

(3)当单项(位)工程各部分复杂程度不同时,应从复杂部位开始;

(4)当单项(位)工程有高低层并列时,应从并列处开始;

(5)当单项(位)工程基础深度不同时,应从深基础部分开始,并且考虑施工现场周边环境状况。

2)确定施工程序

施工程序是指单项工程不同施工阶段之间所固有的、密不可分的先后施工次序。它既不可颠倒,也不能超越。

单项(位)工程施工总程序包括签订工程施工合同、施工准备、全面施工和竣工验收。此外,其施工程序还有先场外后场内、先地下后地上、先主体后装修和先土建后设备安装。在编制施工方案时,必须认真研究单项工程施工程序。

3)确定施工顺序

施工顺序是指单项(位)工程内部各个分部(项)工程之间的先后施工次序。施工顺序合理与否,将直接影响工种配合、工程质量、施工安全、工程成本和施工速度,必须科学合理地确定单项工程施工顺序。

Ⅰ.单层装配式钢筋混凝土结构工业厂房施工顺序

该类工业厂房分部工程包括地下工程、预制工程、结构安装工程、围护结构工程、建筑设备安装工程和工艺设备安装工程。例如地下工程又包括挖基坑、做垫层、绑基础钢筋、支基础模板、浇基础混凝土和养护、拆基础模板和基坑回填土等分项工程。其中挖基坑、绑基础钢筋、支基础模板和浇基础混凝土为主导分项工程,其余为穿插分项工程。依此类推,其他分部工程也包括若干个分项工程,其中有主导的也有穿插的分项工程,照例可以确定它们之间的施工顺序。

Ⅱ.多层混合结构民用房屋施工顺序

该类房屋包括地下工程、主体结构工程、屋面工程、装饰工程和建筑设备安装工程5个分部工程。例如装饰工程又包括室内装饰工程和室外装饰工程两个部分,其中室内墙面抹灰包括顶棚、墙面和地面3个分项工程,其施工顺序有顶棚→墙面→地面和地面→顶棚→墙面两种,两者各有利弊,要结合具体情况加以确定。其他分部工程也一样,都必须合理确定其施工顺序。

4)确定施工方法

Ⅰ.选择施工方法

在选择施工方法时,要重点解决影响整个单项(位)工程施工的主要分部(项)工程。对于人们熟悉的、工艺简单的分项工程,只要加以概括说明即可。对于下述工程,则要编制具体的施工过程设计:

(1)工程量大而且地位重要的工程项目;

(2)施工技术复杂或采用新结构、新技术、新工艺的工程项目;

(3)特种结构工程或应由专业施工单位施工的特殊专业工程。

Ⅱ.选择施工机械

(1)在选择主导施工机械时,要充分考虑工程特点、机械供应条件和施工现场空间状况,合理确定主导施工机械类型、型号和台数。

(2)在选择辅助施工机械时,必须充分发挥主导施工机械的生产效率,使两者的台班生产能力协调一致,并确定辅助施工机械的类型、型号和台数。

(3)为便于施工机械管理,同一施工现场的机械型号尽可能少,当工程量大而且集中时,应选用专业化施工机械;当工程量小而且分散时,要选择多用途施工机械。

5)确定安全施工措施

(1)预防自然灾害措施,包括防台风、防雷击、防洪水、防山洪暴发和防地震灾害等措施。

(2)防火防爆措施,包括大风天气严禁施工现场明火作业、明火作业要有安全保护、氧气瓶防震防晒和乙炔罐严防回火等措施。

(3)劳动保护措施,包括安全用电、高空作业、交叉施工、施工人员上下、防暑降温、防冻防寒和防滑防坠落以及防有害气体毒害等措施。

(4)特殊工程安全措施,如采用新结构、新材料或新工艺的单项工程,要编制详细的安全施工措施。

(5)环境保护措施,包括有害气体排放、现场雨水排放、现场生产污水和生活污水排放以及现场树木和绿地保护等措施。

6)常用施工方案选择要点

在工程施工中,经常会遇到土石方、砌筑、脚手架、垂直运输、模板、混凝土浇筑等工程的施工方案选择以及塔吊和安全施工方案选择。

7)评价施工方案的主要指标

(1)定性评价指标:

①施工操作难易程度和安全可靠性;

②为后续工程创造有利条件的可能性;

③利用现有或取得施工机械的可能性;

④施工方案对冬雨季施工的适应性;

⑤为现场文明施工创造有利条件的可能性。

(2)定量评价指标:

①单项(位)工程施工工期;

②单项(位)工程施工成本;

③单项(位)工程施工质量;

④单项(位)工程劳动消耗量;

⑤单项(位)工程主要材料消耗量。

5. 施工准备计划内容

(1)建立工程管理组织。

(2)施工技术准备:

①编制施工进度控制实施细则;

②编制施工质量控制实施细则;

③编制施工成本控制实施细则;

④做好工程技术交底工作。

(3)劳动组织准备:

①建立工作队组;

②做好劳动力培训工作。

(4)施工物资准备:

①建筑材料准备;

②预制加工品准备;

③施工机具准备;

④生产工艺设备准备。

(5)施工现场准备:

①清除现场障碍物,实现"五通一平";

②现场控制网测量;

③建造各项施工设施;

④做好冬雨季施工准备;

⑤组织施工物资和施工机具进场。

6. 施工进度计划

1)编制施工进度计划依据

(1)单项(位)工程承包合同和全部施工图纸。

(2)建设地区原始资料。

(3)施工总进度计划对本工程有关要求。

(4)单项(位)工程设计概算和预算资料。

(5)主要施工资源供应条件。

2)施工进度计划编制步骤

(1)施工网络进度计划编制步骤:

①熟悉、审查施工图纸,研究原始资料;

②确定施工起点流向,划分施工段和施工层;

③分解施工过程,确定施工顺序和工作名称;

④选择施工方法和施工机械,确定施工方案;

⑤计算工程量,确定劳动量或机械台班数量;

⑥计算各项工作持续时间;

⑦绘制施工网络图;

⑧计算网络图各项时间参数;

⑨按照项目进度控制目标要求,调整和优化施工网络计划。

(2)施工横道进度计划编制步骤:

①熟悉、审查施工图纸,研究原始资料;

②确定施工起点流向,划分施工段和施工层;

③分解施工过程,确定工程项目名称和施工顺序;

④选择施工方法和施工机械,确定施工方案;

⑤计算工程量,确定劳动量或机械台班数量;

⑥计算工程项目持续时间,确定各项流水参数;

⑦绘制施工横道图;

⑧按项目进度控制目标要求,调整和优化施工横道计划。

3)施工进度计划编制要点

Ⅰ.确定施工起点流向和划分施工段

确定施工起点流向方法以及划分施工段和施工层方法,确定流水参数。

Ⅱ.计算工程量

如果工程项目划分与施工图预算一致,可以采用施工图预算的工程量数据,工程量计算要与所采用施工方法一致,其计算单位要与所采用定额单位一致。

Ⅲ.确定分项工程劳动量或机械台班数量

$$P_i = Q_i / S_i = Q_i H_i \qquad (11-7)$$

式中　P_i——某分项工程劳动量或机械台班数量;

　　　Q_i——某分项工程的工程量;

　　　S_i——某分项工程计划产量定额;

　　　H_i——某分项工程计划时间定额。

Ⅳ. 确定分项工程持续时间

$$t_i = \frac{P_i}{R_i N_i}$$

$$(11-8)$$

式中　t_i——某分项工程持续时间;

　　　R_i——某分项工程工人数或机械台数;

　　　N_i——某分项工程工作班次。

Ⅴ. 安排施工进度

同一性质主导分项工程尽可能连续施工;非同一性质穿插分项工程,要最大限度搭接起来;计划工期要满足合同工期要求;要满足均衡施工要求;要充分发挥主导机械和辅助机械生产效率。

Ⅵ. 调整施工进度

如果工期不符合要求,应改变某些分项工程施工方法,调整和优化工期,使其满足进度控制目标要求。

如果资源消耗不均衡,应对进度计划初始方案进行资源调整,如网络计划的资源优化和施工横道计划的资源动态曲线的调整。

4)制定施工进度控制实施细则

(1)编制月、旬和周施工作业计划。

(2)落实劳动力、原材料和施工机具供应计划。

(3)协调同设计单位和分包单位的关系,以便取得其配合和支持。

(4)协调同业主的关系,保证其供应材料、设备和图纸及时到位。

(5)跟踪监控施工进度,保证施工进度控制目标实现。

7. 施工质量计划

1)编制施工质量计划的依据

(1)工程承包合同对工程造价、工期和质量的有关规定。

(2)施工图纸和有关设计文件。

(3)设计概算和施工图预算文件。

(4)国家现行施工验收规范和有关规定。

(5)劳动力素质、材料和施工机械质量以及现场施工作业环境状况。

2)施工质量计划的内容

(1)设计图纸对施工质量的要求和特点。

(2)施工质量控制目标及其分解。

(3)确定施工质量控制点。

(4)制定施工质量控制实施细则。

(5)建立施工质量体系。

3)编制施工质量计划的步骤

(1)施工质量要求和特点:根据工程建筑结构特点、工程承包合同和工程设计要求,认真分析影响施工质量的各项因素,明确施工质量特点及其质量控制重点。

(2)施工质量控制目标及其分解:根据施工质量要求和特点分析,确定单项(位)工程施工质量控制目标"优良"或"合格",然后将该目标逐级分解为分部工程、分项工程和工序质量控制子目标"优良"或"合格",作为确定施工质量控制点的依据。

(3)确定施工质量控制点:根据单项(位)工程、分部(项)工程施工质量目标要求,对影响施工质量的关键环节、部位和工序设置质量控制点。

(4)制定施工质量控制实施细则:包括建筑材料、预制加工品和工艺设备质量检查验收措施,分部工程、分项工程质量控制措施,施工质量控制点的跟踪监控办法。

(5)建立工程施工质量体系。

8. 施工成本计划

1)施工成本分类和构成

单项(位)工程施工成本可分为施工预算成本、施工计划成本和施工实际成本三种,其中施工预算成本由直接费和间接费两部分构成。

2)编制施工成本计划的步骤

(1)收集和审查有关编制依据。

(2)做好工程施工成本预测。

(3)编制单项(位)工程施工成本计划。

(4)制定施工成本控制实施细则,包括优选材料、设备质量和价格;优化工期和成本;减少赶工费;跟踪监控计划成本与实际成本差额,分析产生原因,采取纠正措施;全面履行合同,减少业主索赔机会;健全工程施工成本控制组织,落实控制者责任;保证工程施工成本控制目标实现。

9. 施工安全计划

1)施工安全计划的内容

(1)工程概况。

(2)安全控制程序。

(3)安全控制目标。

(4)安全组织结构。

(5)安全资源配置。

(6)安全技术措施。

(7)安全检查评价和奖励。

2)编制施工安全计划的步骤

(1)工程概况,包括工程性质和作用、建筑结构特征、建造地点特征以及施工特征。

(2)确定安全控制程序,包括确定施工安全目标、编制施工安全计划、安全计划实施、安全计划验证以及安全计划持续改进和兑现合同承诺。

(3)确定安全控制目标,包括单项工程、单位工程和分部工程施工安全目标。

(4)确定安全组织机构,包括安全组织机构形式、安全组织管理层次、安全职责和权限、安全管理人员组成以及建立安全管理规章制度。

(5)确保安全资源配置,包括安全资源名称、规格、数量以及使用地点和部位,并列入资源需要量计划。

(6)制定安全技术措施,包括防火、防毒、防爆、防洪、防尘、防雷击、防坍塌、防物体打击、防溜车、防机械伤害、防高空坠落和防交通事故以及防寒、防暑、防疫和防环境污染等措施。

(7)落实安全检查评价和奖励,包括确定安全检查时间、安全检查人员组成、安全检查事项和方法、安全检查记录要求和结果评价、编写安全检查报告以及兑现安全施工优胜者的奖励制度。

10. 施工环保计划

1)施工环保计划的内容

(1)施工环保目标。

(2)施工环保组织机构。

(3)施工环保事项的内容和措施。

2)编制施工环保计划的步骤

(1)确定施工环保目标,包括单项工程、单位工程和分部工程施工环保目标。

(2)确定环保组织机构,包括施工环保组织机构形式、环保组织管理层次、环保职责和权限、环保管理人员组成以及建立环保管理规章制度。

(3)明确施工环保事项内容和措施,包括现场泥浆、污水和排水;现场爆破危害防止;现场打桩震害防止;现场防尘和防噪声;现场地下旧有管线或文物保护现场及周边交通环境保护等。

11. 施工资源计划

单项(位)工程施工资源计划内容包括编制劳动力需要量计划、建筑材料需要量计划、预制加工品需要量计划、施工机具需要量计划、生产工艺设备需要量计划和施工设施需要量计划。

1)劳动力需要量计划

劳动力需要量计划是根据施工方案、施工进度和施工预算,依次确定专业工种、进场时间、劳动量和工人数,然后汇集成表格形式。它可作为现场劳动力调配的依据,如表 11 - 10 所示。

表 11 - 10　劳动力需要量计划表

序号	专业工种		劳动量(工日)	需要人数和时间									备注
	名称	级别		×月			×月			×月			
				Ⅰ	Ⅱ	Ⅲ	Ⅰ	Ⅱ	Ⅲ	Ⅰ	Ⅱ	Ⅲ	

2)建筑材料需要量计划

建筑材料需要量计划是根据施工预算工料分析和施工进度,依次确定材料名称、规格、数量和进场时间,并汇集成表格形式。它可作为备料、确定堆场和仓库面积以及组织运输的依据,如表 11 - 11 所示。

表 11 - 11　建筑材料需要量计划表

序号	材料名称	规格	需要量		需要时间									备注
			单位	数量	×月			×月			×月			
					Ⅰ	Ⅱ	Ⅲ	Ⅰ	Ⅱ	Ⅲ	Ⅰ	Ⅱ	Ⅲ	

3)预制加工品需要量计划

预制加工品需要量计划是根据施工预算和施工进度计划而编制的。它可作为加工订货、确定堆场面积和组织运输的依据。

4)施工机具需要量计划

施工机具需要量计划是根据施工方案和施工进度计划而编制的。它可作为落实施工机具来源和组织施工机具进场的依据,如表 11 - 12 所示。

表 11 - 12　施工机具需要量计划表

序号	施工机具名称	型号	规格	电功率/(kV·A)	需要量/台	使用时间	备注

5)生产工艺设备需要量计划

生产工艺设备需要量计划是根据生产工艺布置图和设备安装进度而编制的。它可作为生产设备订货、组织运输和进场后存放的依据。

6)施工设施需要量计划

根据项目施工需要,确定相应施工设施,通常包括施工安全设施、施工环保设施、施工用房屋、施工运输设施、施工通信设施、施工供水设施、施工供电设施和其他设施。

12. 施工平面布置

1)施工平面布置的依据

(1)建设地区原始资料。

(2)一切原有和拟建工程位置及尺寸。

(3)全部施工设施建造方案。

(4)施工方案、施工进度和资源需要量计划。

(5)建设单位可提供的房屋和其他生活设施。

2)施工平面布置的原则

(1)施工平面布置要紧凑合理,尽量减少施工用地。

(2)尽量利用原有建筑物或构筑物,降低施工设施建造费用。

(3)合理组织运输,保证现场运输道路通畅,尽量减少场内运输费。

(4)尽量采用装配式施工设施,减少搬迁损失,提高施工设施安装速度。

(5)各项施工设施布置都要满足方便生产、有利于生活、安全防火、环境保护和劳动保护要求。

3)施工平面布置的内容

(1)设计施工平面图,包括建筑总平面图上的全部地上、地下建筑物、构筑物和管线;地形等高线,测量放线标桩位置;各类起重机械停放场地和开行路线位置;生产性、生活性施工设施和安全防火设施位置。

(2)编制施工设施计划,包括生产性和生活性施工设施的种类、规模和数量以及占地面积和建造费用。

4)设计施工平面图的步骤

Ⅰ.确定起重机械数量和位置

(1)确定起重机械数量:

$$N = (\sum Q)/S \tag{11-9}$$

式中　　N——起重机台数;

　　　$\sum Q$——垂直运输高峰期每班要求运输总次数;

　　　S——每台起重机每班运输次数。

(2)确定起重机械位置:固定式起重机械位置,如龙门架和井架等,要根据机械性能、建筑物平面尺寸、施工段划分状况和材料运输去向具体确定;自行有轨式起重机械位置,如塔式起重机,要根据建筑物平面尺寸、吊物质量和起重机能力具体确定;自行无轨式起重机械位置,如轮胎式和履带式起重机,要根据建筑物平面尺寸、构件质量、安装高度和吊装方法具体确定。

Ⅱ.确定搅拌站、材料堆场、仓库和加工场位置

当采用固定式起重机械时,搅拌站及其材料堆场要靠近起重机械;当采用自行有轨式起重机械时,搅拌站及其材料堆场应在其起重半径范围内;当采用自行无轨式起重机械时,应将其沿起重机械开行路线在起重半径范围内布置。

施工现场仓库位置,应根据其材料使用地点优化确定。

各种加工场位置,要根据加工品使用地点和以不影响主要工种工程施工为原则,通过不同方案优选来确定。

Ⅲ.确定运输道路位置

施工现场应优先利用永久性道路,或者先建永久性道路路基,作为施工道路使用,在工程竣工前再铺路面。运输道路要沿生产性和生活性施工设施布置,使其畅通无阻,并尽可能形成环形路线。道路宽度不小于 3.5 m,转弯半径不大于 10 m,道路两侧要设排水沟,保持路面排水畅通,道路每隔一定距离要设置一个回车场,每个施工现场至少要有两个道路出口。

Ⅳ.行政管理和文化福利设施布置

行政管理和文化福利设施包括办公室、工人休息室、食堂、烧水房、收发室和门卫等设施。要根据方便生产、有利于生活、安全防火和劳动保护要求,具体确定它们各自位置。

Ⅴ.确定水电管网位置

Ⅰ)施工供水和排水

在布置施工供水管网时,应力求供水管网总长度最短,供水管径大小要根据计算确定,并按建设地区特点确定管网埋设方式。在确定施工项目生产和生活用水的同时,还要确定现场消防用水及其设施。

为排出现场地面水和地下水,要接通永久性地下排水管道;同时做好地面排水,在雨季到来之前修筑好排水明沟。

Ⅱ)施工供电设施

通常单项(位)工程施工用电,要与建设项目施工用电综合考虑,如属于独立的单项(位)工程,要先计算出施工用电总量,并选择相应变压器,然后计算支路导线截面面积,并确定供电网形式。施工现场供电线路,通常要架空铺设,并尽量使其线路最短。

复习思考题

1. 施工组织总设计的编制原则和依据。
2. 拟定主要项目施工方案的原则。
3. 施工总进度计划的编制步骤。
4. 施工组织总设计需要编制哪些计划？
5. 编制施工总平面图设计的内容和原则。
6. 施工组织总设计中的常用技术评价指标有哪些？
7. 施工组织设计进行技术经济分析的方法有哪些？特点是什么？
8. 简述单位工程施工组织设计的编制程序。
9. 单位工程施工组织设计的内容有哪些？
10. 单位工程施工进度计划编制的步骤有哪些？
11. 施工现场平面布置图的内容有哪些？如何布置步骤？

第 12 章 施工组织设计案例

12.1 工程内容

上海环球金融中心新建工程主要包括:塔楼钢筋混凝土结构施工(从垫层以上开始),钢结构安装(钢结构制作另行发标),裙房结构施工,基坑围护工程(塔楼部分圆形围护除外),钢结构制作工程(运至现场、卡车交货),玻璃幕墙工程(要求总包塔吊要考虑玻璃幕墙工程的安装要求),装修工程(酒店、商店等)和设备工程(电气、空调、卫生、电梯)、擦窗机工程、机械式停车场工程。

12.2 工程特点

12.2.1 建筑概况

上海环球金融中心是一幢以办公为主,集商贸、宾馆、观光、展览及其他公共设施于一体的大型超高层建筑,如图 12-1 所示。上海环球金融中心位于作为亚洲国际金融中心而备受瞩目的上海市浦东新区陆家嘴金融贸易中心区 Z4-1 街区,与金茂大厦相邻。上海环球金融中心塔楼地上 101 层,地面以上高度为 492 m,地下 3 层,地块面积 30 000 m²,建筑占地面积 14 400 m²,总建筑面积 377 300 m²。

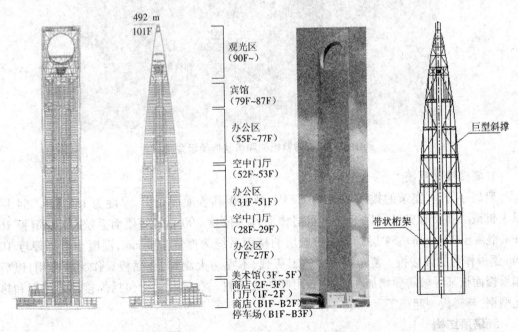

图 12-1 上海环球金融中心立面图

12.2.2 结构概况

1. 巨型结构系统

巨型结构系统包括位于角部的巨型柱和连接巨型柱的巨型斜撑。巨型柱为钢骨混凝土柱,位于建筑物角部,承担带状桁架的端部荷载;巨型斜撑包括焊接箱形截面钢结构,并填充混凝土以增加刚度和阻尼。巨型结构系统支撑建筑物的很大部分的重力,塔楼周围的小型柱将重力荷载传至带状桁架然后传至巨型柱,重力荷载的传递也发生在这些小型柱和巨型斜撑的交点上。逃生层和机械层周围有一层高的带状桁架。

2. 混凝土核心筒系统

钢筋混凝土核心筒在 79 层以下,79 层以上为有混凝土端墙的钢支撑核心筒系统。核心筒部分承担重力荷载和一定比例的由地震和风引起的剪力和倾覆力矩,上部核心筒通过加强楼板与巨型结构的框架紧密相连,在核心筒截面变化的楼层需要采用加强楼板。

3. 伸臂桁架系统

伸臂桁架包括三个三层楼高的桁架,横跨于巨型柱与核心筒之间,如图 12 - 2 所示。伸臂桁架系统通过连接核心筒和巨型柱,减少核心筒承受的倾覆力矩,大大减少整个建筑物的水平变形,此外还可以减少地震和风引起的荷载对核心筒的桩的作用。

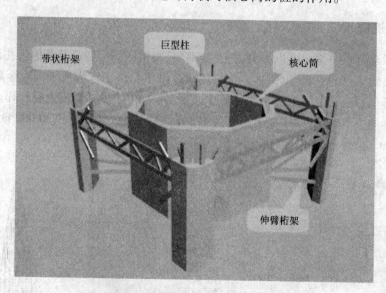

图 12 - 2 伸臂桁架和带状桁架示意图

4. 塔楼楼面系统

典型办公室、宾馆的楼面是 LYSAHT3W 型钢板和普通混凝土,厚度为 156 mm。54 层以上机械层和所有机械层以上的出租层楼面均为厚度 200 mm 的楼面系统(压型钢板 76 mm,混凝土 124 mm);54 层以下的机械层的楼面系统为厚度 190 mm,混凝土板加厚度 10 mm 钢板作为加强楼板。复合板承受施工荷载,不喷防火涂料,金属板只作为模板用,以后如果楼面板某区域需要增加功能,钢板可喷防火涂料。次梁和大梁包括焊接箱形截面和热轧型钢,与楼板一起施工。

5. 塔顶结构

整个建筑物顶部由三维支撑结构支撑,三维支撑结构也充当压顶桁架,用以连接整个巨型结构。塔顶观览车系统,可以绕塔顶的月亮门运行。观览车轨道由一环形桁架支撑,该桁架由钢管构件组成。

6.裙楼和地下部分

地下室的楼板体系主要是钢筋混凝土楼板加柱帽,由钢筋混凝土柱支撑,裙楼的楼板体系主要是钢筋混凝土梁板体系。1 层以上为钢筋混凝土刚性框架,1 层以下为混凝土剪力墙。设置 200 mm 的地震节点将裙楼与塔楼从第一层以上分开,另外也设一个 200 mm 的地震节点将裙楼分成两部分。

12.3　工程环境条件和地质条件

12.3.1　工程环境条件

拟建工程西侧为东泰路,与金茂大厦相距 40 m;北侧为世纪大道,地面下有正在营运的 R2 线地铁隧道和银城地道,离建筑红线约 50 m;东侧和南侧为规划用地和银城南路,如图 12 - 3 所示。

地下室平面呈不规则长方形,周长为 603.5 m,基坑面积为 22 468 m²,其中塔楼区基坑面积 7 855 m²,裙房区基坑面积 14 613 m²,周边地下管线众多。

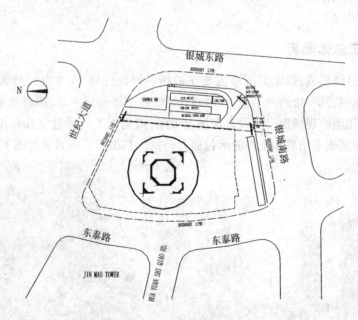

图 12 - 3　工程环境条件

12.3.2　工程地质与水文地质条件

根据上海岩土工程勘察设计研究院的《上海环球金融中心岩土工程勘察报告》,拟建工程场区位于长江三角洲冲积平原,地貌形态单一,地形平坦,场地绝对标高一般在 3.31 ~ 4.04 m,地基土层属软弱场地土,均属于第四系河口 - 滨海相、滨海 - 浅海相沉积层,主要由饱和的黏性土、粉性土、砂土组成。

场地类别为Ⅳ类,场地地质剖面简述如下。

　　第一层为填土层,土质不均匀,结构松散。

　　第二层为黏土夹粉质黏土,厚度 0.6 ~ 2.2 m,层底标高 0.05 ~ 1.37 m,软塑状,含水量 36.1%。

　　第三层为淤泥质粉质黏土,厚度 3.10 ~ 5.20 m,层底标高 -1.9 ~ -4.09 m,灰色饱和软塑 - 流塑状。

　　第四层为淤泥质黏土,厚度 9.50 ~ 11.20 m,层底标高 -12.69 ~ -13.99 m,灰色饱和软塑 - 流塑状。

　　第五层为粉质黏土,厚度 5.70 ~ 9.40 m,层底标高 -19.05 ~ -23.07 m,很湿,灰 - 褐灰色饱和软塑。

　　第六层为粉质黏土,厚度 2.3 ~ 5.40 m,层底标高 -23.88 ~ -25.37 m,暗绿色,湿,硬塑 - 可塑。

　　第七层为砂质粉土、粉细砂,厚度 26 ~ 40.70 m,草黄色饱和,中密、密实。

　　第八层为粉质黏土,缺失。

　　场地地下水属于潜水类型,水位在地面以下 0.5 ~ 0.6 m。第七层砂质粉土夹粉细砂为上海第二层含水层,土方开挖至坑底时土体自重小于承压水压力。

12.4　施工部署

12.4.1　施工总体部署

　　现场围墙已经形成,但北侧围墙需要在进场后向外迁移,业主办公楼为三层的框架结构,在场地的东侧,其一楼的一半(约 300 m²)提供给总承包商办公,相邻业主办公楼为分包商办公楼计划用地。现场西南角设有现场卫生间,南侧为工人休息室计划用地和材料堆放场地,目前为前期施工围堰和土方的承包商办公室。其施工平面布置如图 12 - 4 所示。

图 12 - 4　施工平面布置

　　现场共设有 5 个大门,靠银城南路一侧的两个大门为施工时进出现场的主要出入口,现场道路为现浇混凝土路面,可以通行重型车辆,施工道路沿地下室四周环形布置,贯穿场区南北的道路宽 8 m,其余道路宽 5 m。业主已将环形围堰先行发包,其施工单位在围堰外侧筑起环形道路,路宽 10.2 m,并在围堰南侧新铺一条贯穿东西方向的道路,路宽 5 m。现场沿道路两侧设置排水沟,有车辆进出的大门处设有冲洗车槽。场地四周有四个直径为 600 mm 的排水口、两个直径为 300 mm 的排污口。现场西北角设有 630 kV·A 的变配电房。其进场前施工现场总平面布置现状如图 12-5 所示。

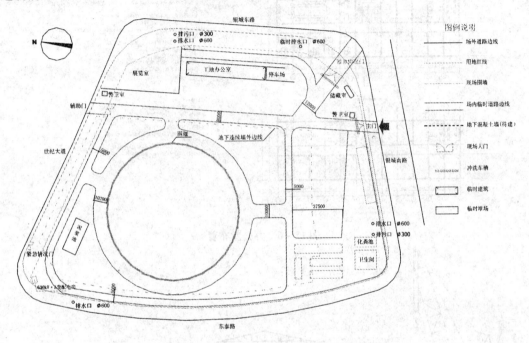

图 12-5　进场前施工现场总平面布置现状

12.4.2　施工平面布置

　　(1)办公室布置如图 12-6 所示。
　　(2)生产区和加工区的隔离措施如图 12-7 所示。
　　(3)卸料平台如图 12-8 所示。

12.4.3　临时用水用电布置

　　业主在施工场地外为承包商提供了一个施工用水接驳点,在场地内提供了一个施工用电接驳点。施工用电接驳点位于场地西北角,总电源负荷能力为 630 kV·A;施工用水接驳点在现场东面,拟先用 φ150 mm 的供水管铺设至现场内,再进行临时用水管线的布设。

12.4.4　施工用水布置

　　给水系统包括生产、生活和消防用水。给水管道沿施工道路埋地铺设,由接驳点引到现场各用水点。给水环管采用 φ150 mm 的镀锌钢管铺设。
　　消防用水管道沿施工道路铺设,消防栓每隔 30~45 m 设置一个,配备相应的消防水管。

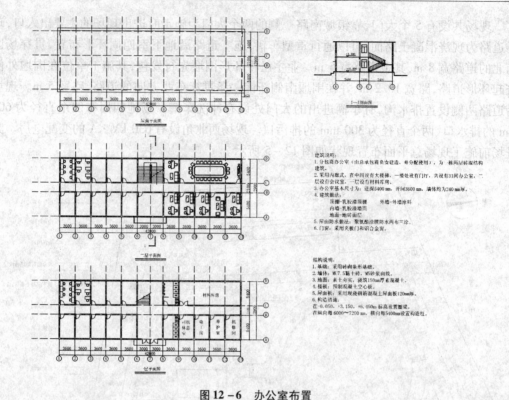

图 12-6　办公室布置

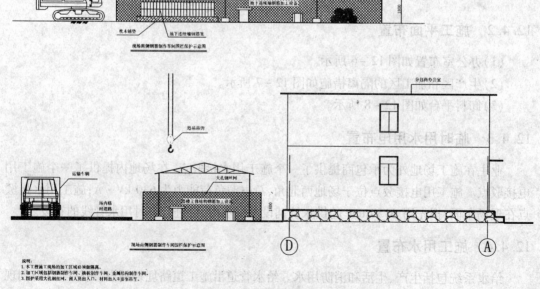

图 12-7　生产区和加工区的隔离措施

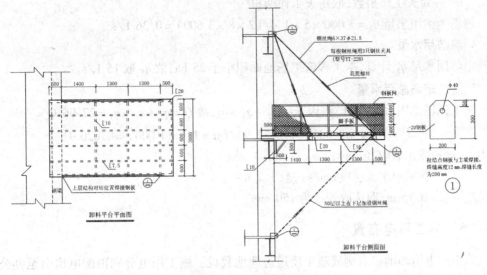

图 12 - 8　卸料平台

按有关要求报装和安装水表,管道布置及管道选型要以施工用水量计算为依据,合理进行选择。现场临时供水量及管径计算如下。

1. 工程用水量

工程用水量 q_1 采用公式 $q_1 = K_1(\sum Q_1 N_1 K_2)/(8 \times 3\,600)$ 计算,取用水量最大的底板混凝土浇筑阶段进行计算。

其中　K_1——未预计施工用水系数,取 1.10;

　　　Q_1——每班计划完成工程量,按每班浇筑 2 400 m³ 混凝土计算;

　　　N_1——施工用水定额,混凝土采用预拌混凝土,仅考虑混凝土自然养护,耗水量取 200 L;

　　　K_2——现场施工用水不均衡系数,取 1.5。

工程用水量 $q_1 = 1.10 \times 2\,400 \times 200 \times 1.5/(8 \times 3\,600) = 27.5$ L/s。

2. 施工机械用水量

施工机械用水量 q_2 采用公式 $q_2 = K_1(\sum Q_2 N_2 K_3)/(8 \times 3\,600)$ 计算。

其中　K_1——未预计施工用水系数,取 1.10;

　　　Q_2——同一种机械台数,取主要用水机械试压泵 2 台;

　　　N_2——施工机械台班用水定额,试压泵取 4×300 L;

　　　K_3——施工机械用水不均衡系数,取 1.05。

施工机械用水量 $q_2 = 1.10 \times 2 \times 4 \times 300 \times 1.05/(8 \times 3\,600) = 0.096$ L/s。

3. 现场生活用水量

现场生活用水量 q_3 采用公式 $q_3 = P_1 N_3 K_4/(t \times 8 \times 3\,600)$ 计算。

其中　P_1——施工现场高峰昼夜人数,取 3 000 人;

　　　N_3——施工现场生活用水定额,耗水量 20 L/人,本工程塔楼考虑采用环保厕所,不需上下水,现场不设食堂及生活区,故耗水量取 5 L/人;

　　　K_4——施工现场生活用水不均衡系数,取 1.4;

t——每天工作班数,取每天工作两班。

现场生活用水量 $q_3 = 3\,000 \times 5 \times 1.4/(2 \times 8 \times 3\,600) = 0.36$ L/s。

4. 消防用水量

消防用水量 q_5 计算,本工程施工场地面积小于 25 ha,故 q_5 取 15 L/s。

5. 施工现场总用水量

施工现场总用水量 Q 计算,因 $q_1 + q_2 + q_3 > q_5$,故 $Q = q_1 + q_2 + q_3 = 27.96$ L/s。

$$d^2 = 4Q/(\pi v 1\,000) = 4 \times 27.96/(\pi \times 1.7 \times 1\,000) = 0.020\,9$$

其中　d——配水管直径(m);

　　　v——管网中水流速度(m/s),取 1.7 m/s。

故取 $d = 0.15$ m,即选取管径为 150 mm。

12.4.5　施工用电布置

施工用电沿外围墙内侧或施工便道边埋地敷设。施工用电分别由配电房引至办公区、塔吊、塔楼及其他用电点。各用电点设总配电箱,办公区和各施工用电接口设分配电箱,每台用电机械设备各配备一台配电箱。根据施工阶段的转换,用电线路也随用电设备的增加或减少而改变。

本工程总供电容量按下式计算:

$$P = 1.05\left(K_1 \times \sum P_1/\cos\phi + \psi \times K_2 \sum P_2 + K_3 \sum P_3 + K_4 \sum P_4\right)$$

式中　P——供电设备总需要容量(kV·A);

　　　P_1——电动机额定功率(kW);

　　　P_2——电焊机额定容量(kV·A);

　　　P_3——室内照明容量(kV·A);

　　　P_4——室外照明容量(kV·A);

　　　$\cos\phi$——电动机的平均功率因数,取 0.75;

　　　ψ——电焊机使用不均衡系数,取 0.5;

　　　K_1, K_2, K_3, K_4——需要系数,见表 12-1。

表 12-1　本工程总供电容量计算相关参数

用电名称	数量	需要系数		备注
		K	数值	
电动机	3~10 台	K_1	0.7	如施工中需要电热时,应将其用电量计算进去,为使计算结果接近实际,式中各项动力和照明用电应根据不同工作性质分类计算
	11~30 台		0.6	
	30 台以上		0.5	
加工场动力设备			0.5	
电焊机	3~10 台	K_2	0.6	
	10 台以上		0.5	
室内照明		K_3	0.8	
室外照明		K_4	1.0	

则有

$$K_1 \times \sum P_1 / \cos \phi = 0.6 \times 1\,617 / 0.75 = 1\,293.6\,(\text{kV} \cdot \text{A})$$

$$\psi \times K_2 \sum P_2 = 0.5 \times 0.5 \times 1\,883 = 470.8\,(\text{kV} \cdot \text{A})$$

用电高峰阶段的容量

$$P = 1.05 \times \left[\,(1\,293.6 + 470.8) + (1\,293.6 + 470.8) \times 10\%\,\right] = 2\,037.8\,(\text{kV} \cdot \text{A})$$

甲方提供的电源为 630 kV·A 的负荷电量,由此可见,远远不能满足施工用电的要求。由于本工程面积大、楼层高、用电区域分散、用电设备的功率大且数量多,为满足施工用电的要求,还需增加容量。增容方式一般为市电扩容或者发电机组扩容,由于本工程施工用电量大、时间长,原则考虑市电扩容,进场后将和业主协商,在征得业主同意后,根据环球金融中心建成后需要的用电量进行市电扩容。目前,方案中考虑采用发电机组扩容,发电机组采用宾士 B8L 系列柴油发电机组,型号为 BL1525,发电机组功率为 1 525 kV·A,扩容后(1 525 + 630 = 2 155 kV·A)能满足用电高峰阶段 2 037.8 kV·A 的用电量。

12.5 总体施工顺序流程

(1)施工塔楼围堰内底板结构。

(2)塔楼围堰内裙房地下结构与塔楼地下结构同步顺作。

(3)塔楼 6F 核心筒结构完工,开始裙房地下连续墙施工。

(4)塔楼地上结构继续施工,围堰外裙房地下结构开始逆作,塔楼施工插入机电安装、玻璃幕墙、室内装饰施工。

(5)塔楼主体结构封顶,裙房地上结构施工。

12.6 塔楼主体混凝土结构和钢结构施工顺序

混凝土结构和钢结构施工协调同步进行(图 12-9),互为依托,相互配合、穿插;F4～F90 核心筒和 F6 以上巨型柱采用液压爬模,核心筒结构、巨型结构、核心筒内外楼面结构按

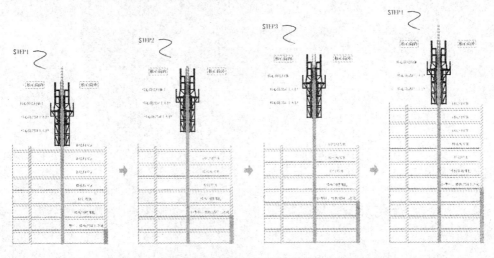

图 12-9 塔楼主体混凝土结构和钢结构施工顺序示意图

"不等高同步攀升"组织流水施工。核心筒结构先上,核心筒外巨型结构、钢梁、钢柱和筒内钢柱、钢梁安装落后于核心筒,钢结构作业层下为巨型柱、巨型斜撑内灌注混凝土及巨型柱外包混凝土和楼面钢筋混凝土作业层。

12.6.1　结构施工区段划分

1. 地下结构

以先期施工的塔楼围堰为界,整个平面分为塔楼区和裙房逆作区两个大的施工区,塔楼区先施工,塔楼 6F 核心筒结构完工后,开始裙房逆作区地下连续墙施工。裙房区结构逆作法施工,根据各层设计与施工特点,可划分为若干小的施工区段,组织流水施工。

2. 地上结构

以塔楼和裙房间的变形缝为界,整个平面分为塔楼区和裙房区两个大的施工区,塔楼区先施工,塔楼顶部月亮门两侧结构完工后,开始裙房区地上结构施工。

12.6.2　各部分施工流程图

(1)总体施工流程以塔楼主体施工为主线,如图 12－10 所示。

(2)地下结构施工流程如图 12－11 所示。

(3)地上结构施工流程如图 12－12 所示。

(4)装饰工程施工流程如图 12－13 所示。室外幕墙装饰先于室内装饰工程施工。室外幕墙装饰工程与主体结构同步进行预埋件安装,F51 核心筒结构完工后开始插入幕墙单元式板块安装施工。室内初装饰随砌体工程插入后展开,精装饰工程待各功能楼层室外幕墙装饰板块安装完工后插入施工。

(5)机电安装工程施工流程如图 12－14 所示。塔楼 F18 楼面结构完工后,机电安装自 F6 往上插入施工,结构封顶后开始地下部分机电安装施工,裙房在结构封顶后开始机电安装。

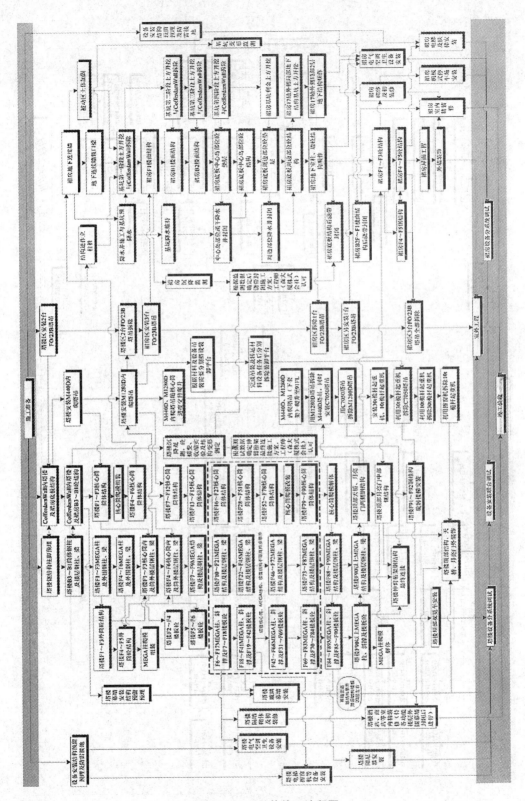

图 12－10　总体施工流程图

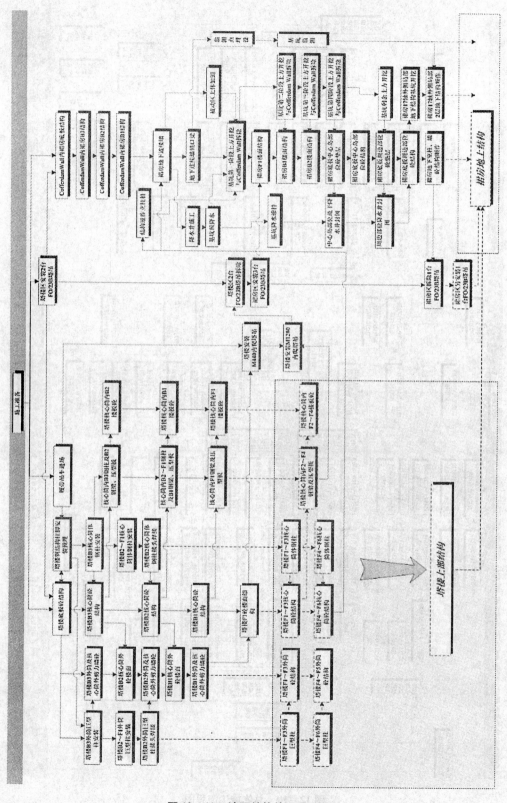

图 12－11　地下结构施工流程图

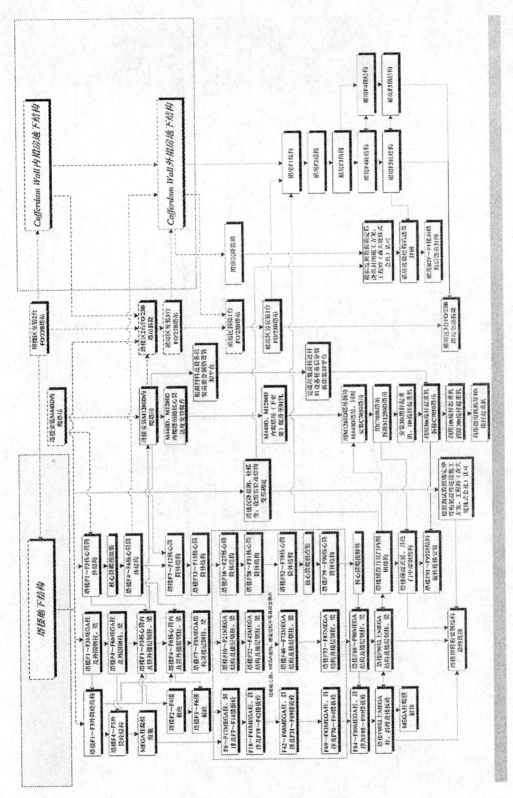

图 12－12　地上结构施工流程图

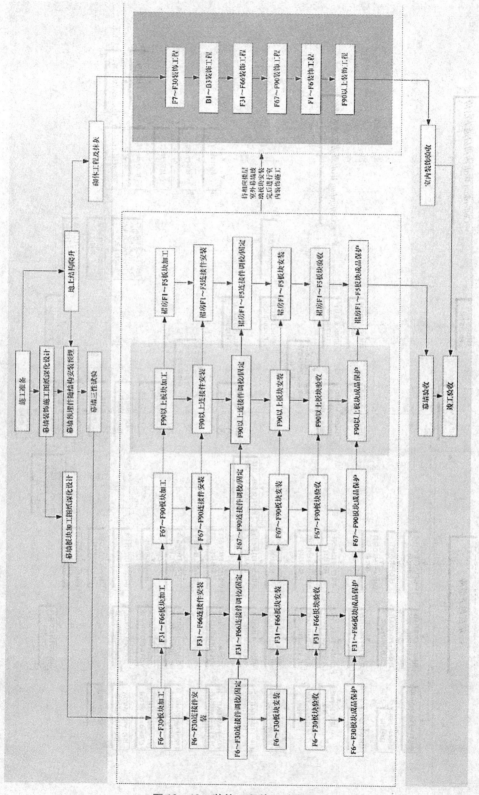

图 12-13　装饰工程施工流程图

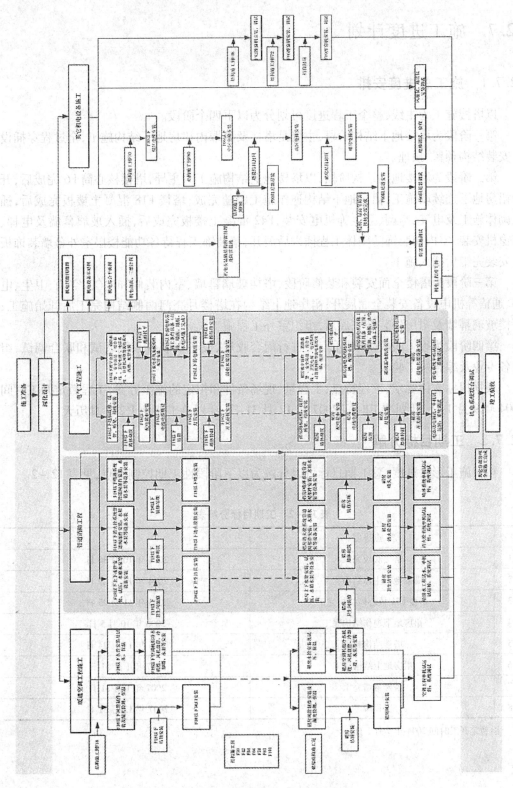

图 12 - 14　机电安装工程施工流程图

12.7　施工进度计划

12.7.1　施工总进度安排

以塔楼施工为主线,整个工程进度可划分为以下四个阶段。

第一阶段为塔楼地下结构阶段,主要是塔楼及围堰内裙房地下结构施工,全过程穿插设备安装结构预留、预埋。

第二阶段为塔楼地上结构阶段,以塔楼地上结构施工为主导,塔楼核心筒 F6 完成后,开始裙房地下连续墙施工,裙房地下结构逆作施工跟随完成;塔楼 F18 混凝土楼板完成后,插入砌体施工及电气、空调、卫生等机电安装;F42 混凝土楼板完成后,插入玻璃幕墙及电梯、擦窗机安装;室内初装饰随砌体工程插入后展开,精装饰工程待各功能楼层室外幕墙装饰板块安装完工后插入施工。

第三阶段为塔楼全面安装和装修阶段,塔楼玻璃幕墙、室内装修和电气、空调、卫生、电梯、通信等机电设备安装全面展开;裙房地上结构在塔楼月亮门两侧结构完工后开始施工;塔楼玻璃幕墙及裙房外装饰完成后,组织室外工程施工。

第四阶段为竣工验收阶段,重点是进行配套收尾、设备安装各系统调试和联合调试,组织各专业及综合竣工验收。

根据招标文件要求、工程特点、工程量、现场条件和拟定的施工方案,工程暂定开工时间 2004 年 9 月 1 日,计划竣工时间 2007 年 12 月 31 日,计划总工期为 1 217 日历天。

12.7.2　工期目标分解

按照施工形象进度,总工期目标可以分解为以下阶段性工期控制节点,见表 12 - 2。

表 12 - 2　工期目标分解表

序号	节点进度	日期
1	塔楼底板完工	2004 年 10 月 30 日
2	塔楼地下主体结构完工	2004 年 12 月 29 日
3	塔楼 F51 核心筒结构完工	2005 年 11 月 25 日
4	裙房地下逆作结构完工	2006 年 10 月 5 日
5	塔楼结构封顶	2006 年 11 月 24 日
6	裙房地上结构完工	2007 年 1 月 31 日
7	塔楼幕墙完工	2007 年 1 月 31 日
8	工程竣工	2007 年 12 月 31 日

注:暂定开工时间 2004 年 9 月 1 日。

12.8 施工关键设备选择

12.8.1 内爬塔吊选择及配备

1. 内爬塔吊的选择

本工程需要最高吊装高度为491 m,除钢结构和土建施工外,还必须综合考虑玻璃幕墙、擦窗机、阻尼器等机电设备的安装需要,根据钢构件的分布特点以及质量、楼层需要吊运材料的工作量,拟定制两台内爬塔吊作为主要吊装设备。

2. 内爬塔吊的布置

详细定位见《钢结构安装工程施工组织设计》分册。内爬塔吊平面布置示意图和效果图如图12-15所示。

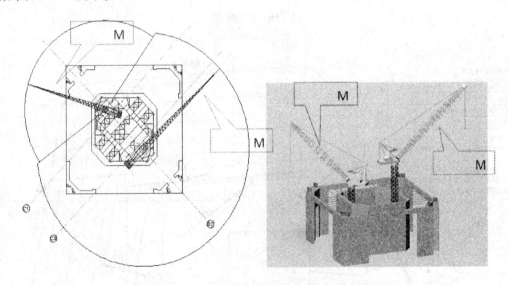

图 12-15 内爬塔吊平面布置示意图和效果图

12.8.2 塔吊施工

(1)施工顶部月亮门时在91层安装一台C7050塔吊(图12-16),主要用于拆除M1280D塔吊和安装顶部月亮门钢构件及其他垂直运输。用M1280D塔吊拆除M440D塔吊同时安装C7050塔吊,利用C7050塔吊拆除M1280D塔吊,同时进行月亮门中部安装。

(2)塔楼底板及地下施工阶段选用两台F0/23B塔吊。由于塔楼底板钢筋量很大,拟在塔楼底板及地下施工阶段采用两台F0/23B塔吊用于钢筋等材料的垂直运输,待M1280D塔吊安装后再拆除这两台塔吊。

(3)在裙房地下室逆作施工阶段采用三台F0/23B塔吊,通过取土孔吊运周转材料,裙房地下室完工后,拆除其中的一台,待裙房地上结构施工时重新移位安装,即裙房地上结构施工阶段也选择三台F0/23B塔吊。

各施工阶段的塔吊布置如图12-17所示。

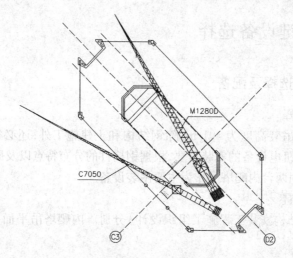

图 12 – 16　C7050 塔吊

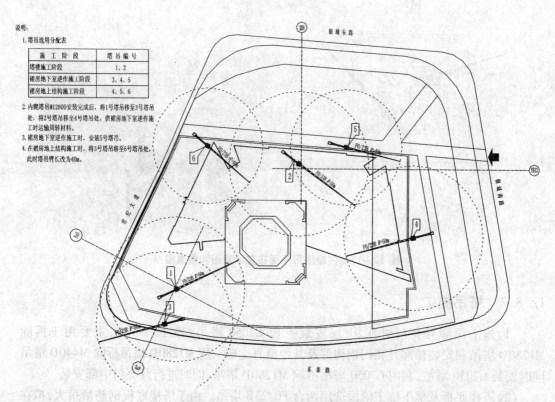

图 12 – 17　各施工阶段的塔吊布置

12.8.3　施工电梯选择及配备

施工电梯的布置主要是为施工人员提供上下交通及散体材料的垂直运输。本工程全高 492 m,主要的混凝土结构至 91 层,施工电梯需到达 400 m 的高空。

在塔楼施工阶段前期(装饰插入施工前)需要上楼层施工的施工人员约 200 人,在装饰插入施工后,装饰施工人员及装饰材料的垂直运输量增加,人员约 500 人,为了尽快将施工人员运送到施工楼层,拟采用 2 台 2 笼的世界最先进的 ALIMAK 施工电梯。它不仅能满足本工程的运输高度,而且具有超大的运输空间和超重的载重量(3 t)以及高速的提升速度(1.7 m/s),能迅速将施工人员送达目的楼层。由于施工电梯的安装需要较大空间,因此将这 2 台施工电梯布置在大楼西侧的 X11 ~ X14 轴线间。

由于核心筒要先期施工,且其他电梯无法达到爬模平台,因此在内筒电梯井道内布置 1 台单笼的上海"宝达牌"SCD200Y 型施工电梯,载重量为 2 t,提升速度为 1.5 m/s,主要是供爬模施工时的施工人员及材料能够垂直运输直接到达爬模平台。这 3 台施工电梯均根据需要进行定制,其平面布置位置示意图如图 12 – 18 所示。

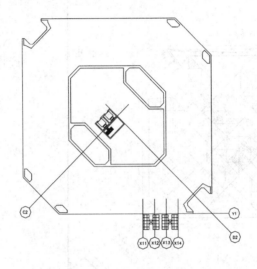

图 12 – 18　施工电梯平面布置位置示意图

12.9　混凝土输送泵及布料机的选择与配备

根据混凝土在不同阶段、不同部位的施工情况来配备混凝土输送泵,并根据塔楼核心筒的施工,提高混凝土的输送效率,配备内爬式布料机。

12.9.1　地下室底板混凝土浇筑阶段

由于地下室底板浇筑混凝土量大,必须配备足够数量的混凝土输送泵。但混凝土输送的高度要求低,因此选用 5 台由三一重工生产的 HBT60C 型混凝土输送泵。同时根据现场的情况设置 2 台 42 m 臂长的汽车泵,可以灵活送料。

12.9.2　塔楼施工阶段

由于混凝土最大泵送高度需达 486.95 m,故选择 2 台由德国 SCHWING 生产的 BP8000 HDR 型混凝土输送泵。这种输送泵具有超过 200 Pa 的压力,能够通过特制的泵管将混凝土以 30 m³/h 的速度送至接近 500 m 的高空,完全能够满足本工程的混凝土施工需要。

在 50 层以下的混凝土施工时,单层混凝土浇筑量不大、输送高度不高,因此采用 2 台 HBT60C 型混凝土输送泵。

12.9.3　全液压式布料机的配置

根据施工高度、混凝土浇筑量及施工进度的安排,选用 2 台特别定制的 HG28D 内爬布料机用于混凝土浇筑时的布料。这种布料机三节臂可以自由伸缩,全周回转,能在很小的空间内活动,并且可以向上和向下布料,具有很强的机动性,特别适合爬模施工。布料机的定位示意图如图 12−19 所示。

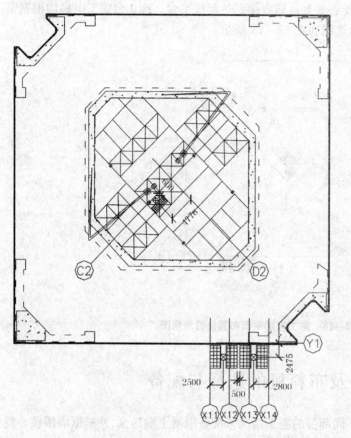

图 12−19　布料机定位示意图

12.10　塔楼底板大体积混凝土施工

12.10.1　塔楼底板大体积混凝土施工概述

根据设计要求,塔楼底板混凝土分两次浇筑,第一次浇筑厚度为 2 350 mm,而裙房底板厚度为 2 000 mm(局部 2 500 mm),因此本处仅介绍塔楼底板大体积混凝土施工。

塔楼底板大体积混凝土是指围堰内的基础底板混凝土。浇筑面积 7 850 m²,厚度分别为 4.5 m、4 m、2 m,混凝土总量 24 910 m³。底板混凝土设计强度为 C40,配筋上、下层为双向 4 根 φ28@250,在 4～4.5 m 厚板中间设 3 层 φ12@200 钢筋网,每隔 1 m 有暗柱,配筋为8～10 根 φ28。底板混凝土纵横向均不设伸缩缝及后浇带,为整体板式结构。塔楼底板厚度变化如图 12−20 所示。

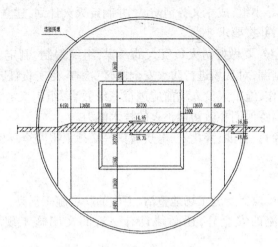

图 12 - 20　塔楼底板厚度变化

根据设计图纸,底板分两次浇筑。根据设计图要求,两次混凝土浇筑情况见表 12 - 3。

表 12 - 3　塔楼底板两次混凝土浇筑情况

浇筑次数	混凝土强度等级	坍落度	面标高	最大厚度	面积	体积
第一次	C40	18 cm	- 17.00 m	2.35 m	7 850 m²	12 509 m³
第二次	C40	18 cm	- 14.85 m	2.15 m	6 708 m²	12 401 m³

注:斜坡处坍落度 15 cm。

塔楼底板大体积混凝土预计施工时间在 2004 年秋季,施工的关键是施工组织和控制混凝土温度变形和裂缝。

12.10.2　施工组织

施工准备:环境控制与相关协调,保障交通通畅,施工季节性气象资料分析与对策,作业场所的健康、安全、环境措施。

技术准备:技术方案的编制与批准,技术交底和底板钢筋的验收以及预留与预埋设施的检查。

资源准备:商品混凝土站的考察,技术经济分析,混凝土供应保障措施,浇筑实施前混凝土配合比检查,原材料检查;现场混凝土浇筑、振捣、运输设备检查,测量检测设备检查;劳动力的组织与培训。

管理:现场实施组织机构的建立和职责明确,商务洽谈,指挥与协调等。

工程开工前,组织有经验的工程试验人员和商品混凝土供应商根据上海地区原材料供应情况进行混凝土试配,确定最佳配合比,尽量做到采用用量少、强度等级偏低的水泥配制符合设计要求强度、具有良好施工性能的混凝土。

各施工现场实行总承包负责制,总承包商要对施工现场消防工作负全责,各分包商要服从总承包商的管理,双方要签订消防安全协议书,明确双方的责任。

实行逐级责任制,项目经理是现场防火工作的负责人,根据本工程的规模配备一名消防专业工程师,具体负责日常消防工作。

组建现场防火领导小组,成立义务消防队,并制定灭火计划,建立健全各岗位、各部位的防火管理制度和措施,并按要求上墙。

专(兼)职防火人员,要做好防火负责人的参谋,组织编制、制定、完善施工现场有关防火安全的规定、规章制度,对现场进行防火安全监督、检查,落实责任,解决隐患。

做好宣传教育工作,施工人员入场前应进行三级教育,组织义务消防队员进行教育,使他们掌握防火常识,训练他们扑救初期小火的技术能力。

现场存放油漆、烯料、石油、液化气、电热器具等必须上报安全环保部批准。

12.10.3　文明施工

文明施工是施工单位保持施工场地整洁、卫生的一项施工活动。一流的施工企业,除了要有一流的质量、一流的安全外,还必须具有一流的文明施工现场。施工控制指标见表12-4

表 12-4　施工控制指标

施工阶段	主要噪声源	噪声限值/dB	
结构施工	地泵、混凝土搅拌机、混凝土运输车、振捣棒、支拆模板、搭拆脚手架、电锯、模板修理、室外电梯	≤70	≤55
装修机电安装	拆脚手架、石材切割、砂轮机打磨、无齿锯切割、外用电梯、电锯	≤65	≤55

12.10.4　环境保护管理

本工程施工将遵循"以人为本"的原则,以最大限度地减少施工活动给周围居民造成的不利影响为目的,同时注意保护城市资源和文化遗产。

1. 水污染

在工程开工前完成工地排水和废水处理设施的建设,并保证工地排水和废水处理设施在整个施工过程中的有效性,做到现场无积水、排水不外溢和不堵塞。根据不同施工地区排水的走向和过载能力,选择合适的排口位置和排放方式。废水排入城市下水道符合相关规定。

2. 大气污染

施工现场要在施工前做好施工道路的规划和布置,临时施工道路基层要夯实,路面要硬化。

严禁在施工现场焚烧任何废弃物及会产生有毒有害气体、烟尘、臭气的物质,熔融沥青等有毒物质要使用封闭和带有烟气处理装置的设备。

水泥等易飞扬颗粒散体物料应尽量安排库内存放,堆土场地、散装物料露天堆放场要压实、覆盖。

车辆出场应冲洗车轮,减少车轮携土。

3. 固体废弃物

合理调配土方,堆土场地周围加护墙护板。

制定泥浆和废渣的处理、处置方案,选择有资质的运输单位,及时清运施工弃土和淤泥渣土,建立登记制度,防止中途倾倒事件发生,并做到运输途中不撒落。

保证回填土的质量,不得将有毒有害物质和其他工地废料、垃圾用于回填。

4. 生活垃圾

教育施工人员养成良好的卫生习惯,不随地乱丢垃圾、杂物,保持工作和生活环境的整洁。

严禁乱倒垃圾或将垃圾用于回填。施工现场设垃圾站,各类垃圾按规定分类集中收集,由环卫部门及时清运,一般要求每班清扫、每日清运。

5. 粉尘控制

施工现场场地硬化和绿化,经常洒水和浇水,以减少粉尘污染。

禁止在施工现场焚烧废旧材料以及有毒有害和有恶臭气味的物质。

装卸有粉尘的材料时,应洒水湿润或者在仓库内进行。

严禁向建筑物外抛掷垃圾,所有垃圾装袋运出。运输车辆必须冲洗干净后方能离场上路行驶;装运建筑材料、土石方、建筑垃圾及工程渣土的车辆,派专人负责清扫道路及冲洗,保证行驶途中不污染道路和环境。

6. 噪声控制

施工中采用低噪声的工艺和施工方法。

建筑施工作业的噪声可能超过建筑施工现场的噪声限值时,总承包商在开工前向建设行政主管部门和环保部门申报,核准后方能施工。

7. 现场绿化

在现场未做硬化的空余场地进行规划,种植四季常绿花木,以美化环境、陶冶情操。

第13章 冬雨季施工技术

我国地域辽阔,气候变化大,冬期的低温和雨季的降水,常使土木工程施工无法正常进行,从而影响工程的进展,如图 13-1 和图 13-2 所示。若能掌握冬期与雨季的施工特点,进行充分的施工准备,选择合理的施工技术进行冬期与雨季施工,对缩短工期、确保工程质量、降低工程费用具有重要意义。

图 13-1 冬期施工现场图

图 13-2 雨季施工现场图

13.1 冬期施工

13.1.1 冬期施工的定义

冬施规定:当室外平均气温连续 5 天低于 5 ℃或最低气温降至 0 ℃及 0 ℃以下,必须采取特殊措施进行施工方能满足质量要求时,即认为进入了冬期施工阶段。

砌体工程:在预计 10 天内的平均气温低于 5 ℃,即进入冬季施工阶段。

混凝土工程:室外日平均气温连续 5 天稳定低于 5 ℃或最低气温降至 0 ℃或 0 ℃以下时,即进入冬季施工阶段。

进入 11 月份后,要随时注意收听当地的气象预报,工地现场要开始每天测温,并做好气温突然下降的防冻准备工作。

13.1.2　冬期施工的特点

(1)冬期施工条件差、环境不利,是工程质量事故的多发季节,尤以混产和基础工程居多。

(2)冬期施工质量事故具有隐蔽性和滞后性,冬季施工,春季才能暴露,处理难度大,影响工程使用寿命。

(3)冬期施工的计划性和时间性强,准备工作时间短,技术要求复杂,仓促施工极易发生工程质量事故。

13.1.3　冬期施工的要求

(1)加强计划安排:冬期施工计划安排极其重要,当预计要进行冬期施工时,应提前进行冬期施工计划的安排。

(2)抓紧施工准备工作:包括材料、专用设备、能源、暂设工程等,应提前抓紧进行,仓促施工,既耽误工期,又影响质量。

(3)编制专题施工方案:根据国家规范、规程,编制指导冬期施工的专题施工方案。

(4)制定技术措施:在冬期施工的专题施工方案中,根据工程特点,明确冬期施工的技术关键,制定冬期施工的技术措施。

(5)重视技术培训和技术交底:对主要技术骨干、工长和班组长进行冬期施工的应知应会培训和考核,合格后方能上岗。

13.1.4　冬期施工的准备工作

(1)搜集当地有关气象资料,作为选择冬期施工技术措施的依据。

(2)安排好冬期施工项目,编制冬期施工技术措施或方案,将不适宜冬期施工的分项工程安排在冬期前后完成。

(3)根据冬期施工方案提前准备施工临时设施、设备、机具、保温、防冻材料及劳动防护用品。

(4)冬期施工前,应专门组织冬期施工技术培训,学习冬期施工相关规范、冬期施工理论、操作技能、防火、防冻、防寒、防一氧化碳中毒、防滑、防锅炉爆炸等知识和技能。

13.1.5　土方工程冬季施工

1.冻土的定义与分类

含水的松散岩石和土体,当温度处于 0 ℃或 0 ℃以下时,其水分转变为结晶状态且胶结了松散的固体颗粒,称为冻土;当温度已达 0 ℃或 0 ℃以下时,不含冰和未被冰胶结的土体,称为寒土。

冻土的分类:

(1)多年冻土——冻结状态持续 3 年以上;

(2)季节冻土——每年冬季冻结,夏季全部融化;

(3)瞬时冻土——(冬季)冻结状态仅持续几小时或数日。

土在冬期,由于遭受冻结,变得坚硬,挖掘困难,施工费用比常温期高,所以土方工程的冬期施工,必须在经济及技术条件上认为合理时,方可进行。

2. 地基土的冻胀分类与影响因素

1)地基土的冻胀分类

Ⅰ类不冻胀——冻胀率 $K_d \leqslant 1\%$,对基础无任何危害。

Ⅱ类弱冻胀——冻胀率 $K_d = 1\% \sim 3.5\%$,不影响建筑物的安全。

Ⅲ类冻胀——冻胀率 $K_d = 3.5\% \sim 6\%$,地面松散或隆起,道路翻浆,浅埋基础的建筑物将产生裂缝。

Ⅳ类强冻胀——冻胀率 $K_d > 6\%$,道路翻浆严重,浅埋基础的建筑物将可产生严重破坏,即使基础埋深超过冻深,也会因切向冻胀力而使建筑物破坏,如图13-3所示为强冻胀土。

图13-3　强冻胀土

2)冻胀的主要影响因素

(1)土的类别影响:碎石类土、砂类土一般不冻胀或冻胀较小;粉土和粉质黏土冻胀较大;黏土次之。

(2)含水量的影响:土中含水量是影响土体冻胀程度的重要因素,在没有地下水补给的情况下,只有超过塑限的那部分含水量会产生冻胀。

(3)土的密度影响:小密度土体冻结时,密度对土体冻胀强度影响甚微;只有当密度达到一定值后冻胀才能减小。

(4)温度的影响:0℃以下气温持续时间长,冻胀绝对量大;土温在起始冻温到-3℃之间为冻胀剧烈增长阶段,土温在-3~-7℃时为冻胀缓慢增长阶段,温度再下降,冻胀几乎不再增长。

(5)荷载的影响:在土体上附加荷载能减少土体的冻胀。

3. 土的冻结

土的冻结有其自然规律,在地表面无雪和草皮覆盖条件下的全年标准冻结深度 H_0 可按下式估算：

$$H_0 = 0.28 \sqrt{\sum T_m + 7} - 0.5 \text{ （m）} \tag{13-1}$$

式中　$\sum T_m$——低于 0 ℃的月平均气温的累计值（取连续十年以上的年平均值），以正号代入。

【例 13-1】根据气象资料查得某地低于 0 ℃的月平均气温为：1 月 -20.2 ℃，2 月 -16 ℃，3 月 -6.2 ℃，11 月 -6.9 ℃，12 月 -17.1 ℃，试估计该地的全年冻结深度。

【解】由题可知

$$\sum T_m = 20.2 + 16 + 6.2 + 6.9 + 17.1 = 66.4 \text{ ℃}$$

由式（13-1）得

$$H_0 = 0.28 \sqrt{66.4 + 7} - 0.5 = 1.9 \text{ m}$$

暴露在外界大气中的土冻结时，其冻结速度与外界气温有表 13-1 所示规律，但这只是冻结初期的规律，当上层冻结以后，下层土由于有了上层冻结层的覆盖，传热阻发生变化，就不符合这个规律了。

表 13-1　根据气温确定土的冻结速度表

土的种类	在下列气温条件下，接近最佳含水量时，土的冻结速度/（cm/h）			
	-5 ℃	-10 ℃	-15 ℃	-20 ℃
覆盖有积雪的砂质粉土和粉质黏土	0.03	0.05	0.08	0.10
没有积雪覆盖的砂质粉土和粉质黏土	0.15	0.30	0.35	0.50

基于土冻结的规律，冬期施工时必须周密计划，组织强有力的施工力量，进行连续不断的施工。一般来说，土方工程尽量安排在入冬之前施工较为合理。

4. 地基土的保温防冻

土的防冻应尽量利用自然条件，以就地取材为原则。其防冻方法一般有地面翻松耙平防冻、覆雪防冻、保温材料防冻等。

1）地面翻松耙平防冻法

预定冬期施工的土方工程，土的防冻工作必须在入冬前进行。其方法是在指定施工的部位，进入寒冻之前将表层土翻松耙平，其厚度宜为 25～30 cm，其宽度宜为开挖时冻结深度的两倍加基槽（坑）底宽之和，如图 13-4 和图 13-5 所示。

在上述情况下，经过 t 昼夜后的冻结深度 H_0 可按下式计算：

$$H_0 = \alpha(4P - P^2) \tag{13-2}$$

$$P = \frac{\sum tT}{1\,000} \tag{13-3}$$

式中　H_0——翻松耙平或黏土覆盖后的冻结深度（cm）；

　　　　α——土的防冻计算系数，按表 13-2 选用；

　　　　P——冻结指数；

　　　　t——土体冻结时间（d）；

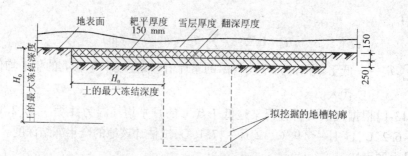

图 13 – 4　预防土冻结翻松耙平图

图 13 – 5　预防土冻结翻松耙平现场图

T——土体冻结期间的室外平均气温(℃),以正号代入。

表 13 – 2　土的防冻计算系数 α

地面保温的方法	P值											
	0.1	0.2	0.3	0.4	0.5	0.6	0.7	0.8	0.9	1.0	1.5	2.0
翻松 25 cm 并耙平	15	16	17	18	20	22	24	26	28	30	30	30
覆盖松土不少于 50 cm	35	36	37	39	41	44	47	51	55	59	60	60

【例 13-2】某地地基土为黏土,由 11 月 7 日开始冻结,于冻结前翻松地面 25 cm 并耙平,11 月的平均温度为 –2.1 ℃,12 月的平均温度为 –8 ℃,试计算该地在 1 月 1 日的冻结深度。

【解】11 月冻结了 30 – 6 = 24 d,12 月冻结了 31 d。则

11 月　$tT = 24 \times 2.1 = 50.4$

12 月　$tT = 31 \times 8 = 248$

$\sum tT = 50.4 + 248 = 298.4$

$P = 298.4 / 1\,000 = 0.3$

从表 13 – 2 查得 $\alpha = 17$,代入式(13 – 2)得该地在 1 月 1 日的冻结深度

$$H_0 = 17 \times (4 \times 0.3 - 0.3^2) = 19 \text{ cm}$$

2)覆雪防冻法

在积雪量大的地方,可以利用自然条件覆雪防冻,效果很好。覆雪防冻的方法,通常有

以下三种。

（1）利用灌木和小树林等植物挡风涡旋存雪，这些植物应等到挖土开始之前再铲除，如图 13 - 6 所示。

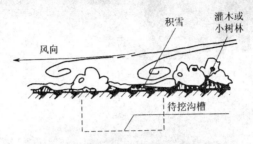

图 13 - 6 利用植物挡风涡旋存雪防冻

（2）在面积宽阔而又没有植物的地面上，可设篱笆或造雪堤以为积雪之用，设置时应使长边垂直于主要方向，其互相间的距离为（10 ~ 15）h（h 是篱笆或造雪堤的高度），通常取 0.5 ~ 1 m，如图 13 - 7 所示。

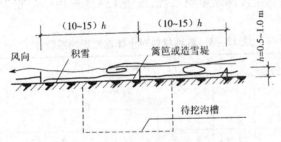

图 13 - 7 设置篱笆或造雪堤积雪防冻

（3）在面积较小的地面，特别是拟挖掘的地沟面，若在土冻结之前，初次降雪后，即在地沟的位置上挖沟，深度为 30 ~ 50 cm，宽度为预计深度的两倍加基槽（坑）底宽之和，随即将雪填满，即可防止未挖掘的土冻结，如图 13 - 8 所示。

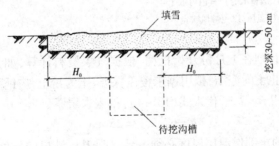

图 13 - 8 挖沟填雪防冻

H_0—土的最大冻结深度

3）保温材料防冻法

面积较小的地面防冻，可以直接用保温材料覆盖，如图 13 - 9 所示。覆盖层的厚度可按下式计算：

$$h = H/\beta \tag{13 - 4}$$

式中 h——保温材料厚度（cm）；

H——不保温时的土体冻结深度（cm）；

图 13 - 9　覆盖保温材料防冻法

β——各种材料对土体冻结影响系数,按表 13 - 3 选用。

表 13 - 3　各种材料对土体冻结影响系数 β

土壤种类	保温材料											
	树叶	刨花	锯末	干炉渣	麦草	膨胀珍珠岩	炉渣	芦苇	草帘	泥炭土	松散土	密实土
砂土	3.3	3.2	2.8	2.0	2.5	3.8	1.6	2.1	2.5	2.8	1.4	1.12
粉土	3.1	3.1	2.7	1.9	2.4	3.6	1.6	2.0	2.4	2.9	1.3	1.08
粉质黏土	2.7	2.6	2.3	1.6	2.2	3.5	1.3	1.7	2.0	2.3	1.2	1.06
黏土	2.1	2.1	1.9	1.3	1.6	3.5	1.1	1.4	1.6	1.9	1.2	1.00

注:1. 表中数值适用于地下水位在冻结线 1 m 以下。

　　2. 当地下水位较高时(饱和水的),其值可取 1.0。

　　3. 松散材料表面应加以盖压,以免被风吹走。

【例 13-3】某工地计划在 1 月份开始挖槽,根据气象资料计算,如无保温层时土的冻结深度可达 67 cm,为防止土的冻结,拟用锯末覆盖保温,土为粉土,应铺多厚的锯末?

【解】查表 13 - 3 得 β = 2.7,代入式(13 - 4),得锯末层厚

$$h = 67/2.7 = 25 \text{ cm}$$

在被保温地面上的全部保温层厚度必须一致。保温层铺出的宽度,应不小于最大冻结深度,如图 13 - 10 所示。

开挖完的土方,必须防止基槽(坑)的底部受冻或相邻建筑物的地基及其他设施受冻。对已开挖的基槽(坑),保温材料铺设在基槽(坑)底表土上面,靠近基槽(坑)壁处,保温材料需加厚,如图 13 - 11 所示;如基槽(坑)挖完后不能及时进行下道工序施工,应在基底标高上预留适当厚度土层,并覆盖保温材料保温。

5. 土方工程冬期施工方法适用范围及优缺点比较

土方工程冬期施工方法适用范围及优缺点比较见表 13 - 4。

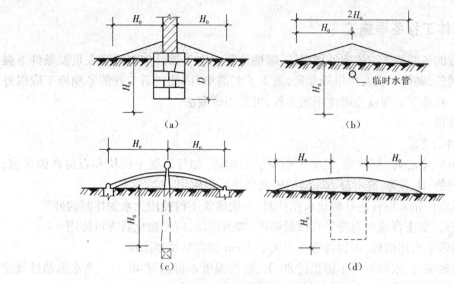

图 13 - 10 保温层铺出的宽度示意图

(a)对基础底保温时 (b)对临时水管保温时 (c)防止标桩冻胀时 (d)预防土冻结时

H_0—土的最大冻结深度;D—基础埋深

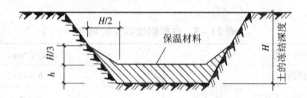

图 13 - 11 已挖基槽(坑)底保温

表 13 - 4 土方工程冬期施工方法适用范围及优缺点

施工方法		适用的工程	应具备的施工条件与准备工作		优缺点			
					一般的		各个施工方法的	
			一般准备	特别准备	优点	缺点	优点	缺点
土的防冻法	地面翻松耙平防冻法	冬初开挖大体积土方工程	修筑排水沟、透水沟	松土机或松土工具(特制的犁)	保护基础坑道温度,降低挖土困难	1.费用增加 2.入冬后很难做好,必须冻结前布置	施工便利,费用低廉,宜于大面积挖方	效果不及覆盖法
	保温材料防冻法	仲冬开挖较小土方工程		保温材料			效果较好,适用于零星结构、基础、水管等	需保温材料,费用较大
	覆雪防冻法	仲冬后开挖土方工程		松土设备,盛雪工具或木板、原木等			简单,效果很好,特别适用于地槽	增加排出融化雪水工作

13.1.6　砌体工程冬季施工

砌体工程的冬期施工方法有外加剂法、暖棚法等。由于掺外加剂砂浆在负温条件下强度可以持续增长,砌体不会发生沉降变形,施工工艺简单,因此砖石工程的冬期施工应以外加剂法为主。对地下工程或急需使用的工程,可采用暖棚法。

1. 基本要求

1)对材料的要求

(1)普通砖、空心砖、灰砂砖、混凝土小型空心砌块、加气混凝土砌块和石材在砌筑前,应清除表面污物、冰雪等,遭水浸后冻结的砖或砌块不得使用。

(2)砂浆宜优先采用普通硅酸盐水泥拌制,冬期砌筑不得使用无水泥拌制的砂浆。

(3)石灰膏、黏土膏或电石膏等宜保温防冻,如遭冻结,应经融化后方可使用。

(4)拌制砂浆所用的砂,不得含有直径大于 1 cm 的冻结块和冰块。

(5)拌和砂浆时,水的温度不得超过 80 ℃,砂的温度不得超过 40 ℃。当水温超过规定时,应将水、砂先行搅拌,再加水泥,以防出现假凝现象。

(6)冬期砌筑砂浆的稠度宜比常温施工时适当增加,可通过增加石灰膏或黏土膏的办法来解决,具体要求见表 13 - 5。

表 13 - 5　冬季砌筑砂浆的稠度

砌体种类	稠度/cm
砖砌体	8 ~ 13
人工砌的毛石砌体	4 ~ 6
振动的毛石砌体	2 ~ 3

2)采取措施减少砂浆热量损失

(1)砂浆的搅拌应在采暖的房间或保温棚内进行,环境温度不可低于 5 ℃;冬期施工砂浆要随拌随运(直接倾入运输车内),不可积存和二次倒运。

(2)在安排冬期施工方案时,应把缩短运距作为搅拌站设置的重要因素之一考虑。

(3)冬期砂浆应储存在保温槽中,砂浆应随拌随用,砂浆的储存时间对于普通砂浆和掺外加剂砂浆分别不宜超过 15 min 或 20 min。

(4)保温槽和运输车应及时清理,每日下班后用热水清洗,以免冻结。

3)砂浆施工过程的注意事项

(1)严禁使用已遭冻结的砂浆,不准以热水掺入冻结砂浆内重新搅拌使用,也不宜在砌筑时向砂浆内掺水使用。

(2)砌砖宜采用"三一砌砖法",即一铲灰、一块砖、一挤揉。若采用铺灰器,铺灰长度要尽量缩短,防止砂浆温度降低太快。

(3)砖砌体的水平和垂直灰缝的平均厚度不可大于 10 mm,个别灰缝的厚度也不可小于 8 mm,施工时要经常检查灰缝的厚度和均匀性。

(4)每天收工前,将垂直灰缝填满,上面不铺灰浆,同时用草帘等保温材料将砌体上表面加以覆盖。第二天上班时,应先将砖石表面的霜雪扫净,然后再继续砌筑。

(5)冬期砌筑工程要加强质量控制。在施工现场留置的砂浆试块,除按常温规定要求外,尚应增设不少于两组与砌体同条件养护试块,分别用于检验各龄期强度和转入常温 28 d 的砂浆强度。

2. 外加剂法

1) 工艺特点

将砂浆的拌和水预先加热,砂和石灰膏(黏土膏)在搅拌前也应保持正温,使砂浆经过搅拌、运输,于砌筑时具有 5 ℃以上正温。在拌和水中掺入外加剂,如氯化钠(食盐)、氯化钙或亚硝酸钠,砂浆在砌筑后可以在负温条件下硬化,因此不必采取防止砌体沉降变形的措施。当采用氯盐时,由于氯盐对钢材的腐蚀作用,在砌体中埋设的钢筋及钢预埋件,应预先做好防腐处理。

2) 减少氯盐对钢筋腐蚀作用的方法

(1) 涂刷樟丹二道,干燥后就可砌筑,施工时注意表面不可擦伤。

(2) 涂刷沥青漆,沥青漆配方为 30 号沥青∶10 号沥青∶汽油 = 1∶1∶2。

(3) 涂刷防锈涂料,防锈涂料配方为水泥∶亚硝酸钠∶甲基硅醇钠∶水 = 100∶6∶2∶30。配制时,先用约三分之二的水溶解亚硝酸钠,在与水泥拌和后再加入甲基硅醇钠,搅拌 3 ~ 5 min 后,剩余的水根据稠度情况酌量加入。配好的涂料涂刷在钢筋表面约 1.5 mm 厚,待干燥后即可使用。

3) 禁止掺用氯盐的情况

(1) 对装饰工程有特殊要求的建筑物。

(2) 使用湿度大于 80% 的建筑物。

(3) 配筋、钢埋件无可靠的防腐处理措施的砌体。

(4) 接近高压电线的建筑物(如变电所、发电站等)。

(5) 经常处于地下水位变化范围内以及在水下未设防水层的结构。

3. 暖棚法

暖棚法是利用简易结构和廉价的保温材料,将需要砌筑的砌体和工作面临时封闭起来,棚内加热,使之在正温条件下砌筑和养护。暖棚法费用高、热效低、劳动效率不高,因此宜少采用。一般对于地下工程、基础工程以及量小又急需使用的砌体,可考虑采用暖棚法施工。

暖棚的加热,可优先采用热风装置,如用天然气、焦炭炉等,必须注意安全防火。用暖棚法施工时,砖石和砂浆在砌筑时的温度均不得低于 5 ℃,而距所砌结构底面 0.5 m 处的气温也不得低于 5 ℃。

确定暖棚的热耗时,应考虑围护结构的热量损失、基土吸收的热量(在砌筑基础时和其他地下结构时)和在暖棚内加热或预热材料的热量损耗。

砌体在暖棚内的养护时间根据暖棚内的温度按表 13 - 6 确定。

表 13 - 6　暖棚法砌体的养护时间

暖棚内温度/℃	5	10	15	20
养护时间/d	≥6	≥5	≥4	≥3

砌筑条形基础或类似结构时,暖棚的构造可参考图 13 - 12。

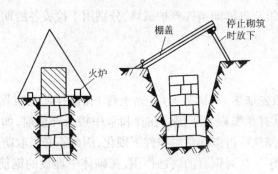

图 13 - 12　暖棚施工示意图

13.1.7　钢筋工程冬季施工

钢筋随着温度的降低,屈服点、抗拉强度提高,伸长率和冲击韧性下降,存在冷脆现象,当钢筋存在缺陷时,可能发生脆断。在负温条件下,承受静荷载作用的钢筋混凝土构件,其主要受力钢筋可选用符合国家标准的热轧钢筋、余热处理钢筋、热处理钢筋、高强度圆形钢丝、钢绞线及冷拔低碳钢丝。在负温条件下使用的钢筋,施工过程中要加强管理和检验。钢筋在运输、加工过程中注意防止撞击、划伤,特别是在使用高强度钢筋时尤应注意。

1. 钢筋负温冷拉和冷弯

钢筋冷拉温度不宜低于 - 20 ℃,预应力钢筋张拉温度不宜低于 - 15 ℃。钢筋负温冷拉方法可采用控制应力方法或控制冷拉率方法。用作预应力混凝土结构的预应力筋,宜采用控制应力方法;不能分炉批的热轧钢筋冷拉,不宜采用控制冷拉率方法。

在负温条件下采用控制应力方法冷拉钢筋时,由于伸长率随温度降低而减小,如控制应力不变,则伸长率不足,钢筋强度将达不到设计要求,因此在负温下冷拉的控制应力应较常温提高,而冷拉率的确定应与常温施工相同。冷拉控制应力及最大冷拉率应符合表 13 - 7的要求。

表 13 - 7　冷拉控制应力及最大冷拉率

项次	钢筋级别		冷拉控制应力/MPa		最大冷拉率/%
			常温	- 20 ℃	
1	HPB235　$d \leq 12$ mm		280	310	10.0
2	HRB 335	$d \leq 25$ mm	450	480	5.5
		$d = 28 \sim 40$ mm	430	460	
3	HRB 400、RRB 400		500	530	5.0

在负温下冷拉后的钢筋,应逐根进行外观质量检查,其表面不得有裂纹和局部颈缩。钢筋冷拉设备仪表和液压工作系统油液应根据环境温度选用,并应在使用温度条件下进行配套校验。当温度低于 - 20 ℃时,严禁对钢筋进行冷弯操作,以避免在钢筋弯点处发生强化,造成钢筋脆断。

2. 钢筋负温焊接

冬期在负温条件下焊接钢筋,应尽量安排在室内进行。如必须在室外焊接,其环境温度不宜低于-20 ℃,风力超过3级时应有挡风措施。焊后未冷却的接头,严禁碰到冰雪。当环境温度低于-5 ℃时,钢筋焊接接头应优先选用闪光对焊,也可使用电渣压力焊和电弧焊。

冬季施工钢筋负温焊接应满足以下条件。

(1)焊工必须持有钢筋焊工上岗证,负温下施焊前必须进行现场条件下的焊接性能试验,合格后方可施焊。

(2)负温下焊接时应调整焊接工艺参数,使焊缝和热影响区缓慢冷却。焊接时严格防止产生过热、烧伤、咬肉和裂纹等缺陷,防止在接头处产生偏心受力状态。加强焊工的劳动保护,防止发生烧伤、触电及火灾等事故。

(3)风力超过3级时,应采取挡风措施,焊后未冷却的接头应避免碰到冰雪。

(4)当环境温度低于-20 ℃,不得进行施焊。

13.1.8 混凝土工程冬季施工

混凝土在湿度合适和温度高的条件下,硬化快、强度高;反之,温度低时硬化慢、强度低。在0 ℃时水泥水化作用基本停止,在-30 ℃时混凝土中的拌和水冻结成冰,水结成冰后的体积增加约9%,同时水化作用也停止。新浇筑的混凝土如果遭冻,在恢复正温养护以后,会使水泥浆体中的孔隙率比正常凝结的混凝土显著增加,从而使混凝土的各项物理力学性能全面下降。如抗压强度约损失50%,抗渗等级降低为零,混凝土与钢筋的黏结力也有大幅度的降低。因此,遭受过冻害的混凝土不仅力学强度降低,而且耐久性能严重劣化。如在施工时增加混凝土中的水泥用量可提高混凝土的强度等级,虽然抗压强度可以相应增加,但耐久性仍得不到改善。因此,混凝土工程的冬期施工,要从施工期间的气温情况、工程特点和施工条件出发,在保证质量、加快进度、节约能源、降低成本的前提下,选择适宜的冬期施工措施。当室外平均气温连续5天低于5 ℃时,应采取冬期施工措施。

1. 抗冻临界强度的要求

混凝土的温度降至0 ℃前,其抗压强度不得低于抗冻临界强度。抗冻临界强度规定如下:

(1)硅酸盐水泥或普通硅酸盐水泥配制的混凝土,为设计的混凝土强度标准值的30%;

(2)矿渣硅酸盐水泥配制的混凝土,为设计的混凝土强度标准值的40%,但C10及C10以下的混凝土不得低于5.0 MPa。

2. 混凝土冬季施工要求

(1)冬期施工的混凝土,为了缩短养护时间,一般应选用硅酸盐水泥;普通硅酸盐水泥,用蒸汽直接养护混凝土时,应选用矿渣硅酸盐水泥。水泥的强度等级不宜低于42.5MPa,每立方米混凝土中的水泥用量不宜少于300 kg,水灰比不应大于0.60,并加入早强剂。

(2)为了减少冻害,应将配合比中的用水量降低至最低限度。办法是控制坍落度、加入减水剂、优先选用高效减水剂。

(3)为了防止钢筋锈蚀,在钢筋混凝土中,氯盐掺量不得超过水泥用量的1%(按无水状态计算)。掺氯盐的混凝土必须振捣密实,且不宜采用蒸汽养护。在下列情况下,不得在钢筋混凝土中掺用氯盐:

①在高湿度空气环境中使用的结构(排出大量蒸汽的车间、澡堂、洗衣房和经常处于空气相对湿度大于80%的房间以及有顶盖的钢筋混凝土蓄水池等);

②处于水位升降部位的结构；

③露天结构或经常受水淋的结构；

④有镀锌钢材或铝铁相接触部位的结构以及有外露钢筋预埋件而无防护措施的结构；

⑤与含有酸、碱或硫酸盐等侵蚀性介质相接触的结构；

⑥使用过程中经常处于环境温度为 60 ℃ 以上的结构；

⑦使用冷拉钢筋或冷拔低碳钢丝的结构；

⑧薄壁结构、中或重级工作制吊车梁、屋架、落锤或锻锤基础等结构；

⑨电解车间和直接靠近直流电源的结构；

⑩直接靠近高压电源(发电站、变电所)的结构；

⑪预应力混凝土结构。

(4)模板和保温层，应在混凝土冷却到 5 ℃ 后方可拆除。当混凝土与外界温差大于 20 ℃时，拆模后的混凝土表面应临时覆盖，使其缓慢冷却。

(5)未完全冷却的混凝土有较高的脆性，所以结构在冷却前不得遭受冲击荷载或动力荷载的作用。

(6)冬期施工期间，施工单位应与气象部门保持密切联系，随时掌握天气预报和寒潮、大风警报，以便及时采取防护措施。

3.混凝土的运输和浇筑

(1)冬期施工运输混凝土拌和物，应使热量损失尽量减少，可采取下列措施：

①正确选择放置搅拌机的地点，尽量缩短运距，选择最佳的运输路线；

②正确选择运输容器的形式、大小和保温材料；

③尽量减少装卸次数并合理组织装入、运输和卸出混凝土的工作。

(2)混凝土在浇筑前，应清除模板和钢筋上的冰雪和污垢，装运拌和物的容器应有保温措施。

(3)冬期不得在强冻胀性地基土上浇筑混凝土，在弱冻胀性地基土上浇筑混凝土时，基土应进行保温，以免遭冻。

(4)浇筑基础大体积混凝土时，施工前要对地基进行保温以防止冻胀。新拌制混凝土的入模温度以 7 ~ 12 ℃ 为宜。混凝土内部温度与表面温度之差不得超过 20 ℃，必要时应做保温覆盖。

(5)浇筑装配式结构接头的混凝土(或砂浆)，应先将结合处的表面加热到正温。浇筑后的接头混凝土(或砂浆)在温度不超过 45 ℃ 的条件下，应养护至设计要求强度，当设计无要求时，其强度不得低于设计的混凝土强度标准值的 75% 。

(6)预应力混凝土构件在进行孔道和立缝的灌浆前，浇灌部位的混凝土必须经预热，并宜采用热的水泥浆、砂浆或混凝土，浇灌后在正温下养护到强度不低于 15 MPa。

4.养护方法

1)蓄热法养护

Ⅰ.工艺特点

将混凝土的组成材料进行加热然后搅拌，在经过运输、振捣后仍具有一定温度，浇筑后的混凝土周围用保温材料严密覆盖。利用这种预加的热量和水泥的水化热量，使混凝土缓慢冷却，并在冷却过程中逐渐硬化，当混凝土温度降至 0 ℃ 时可达到抗冻临界强度或预期的强度要求。

蓄热法具有经济、简便、节能等优点，混凝土在较低温度下硬化，其最终强度损失小，耐久性较高，可获得较优质量的制品。但用蓄热法施工，强度增长较慢，因此宜选用强度等级较高、水化热量较大的硅酸盐水泥、普通硅酸盐水泥或快硬硅酸盐水泥，同时选用导热系数小、价廉耐用的保温材料。保温层敷设后要注意防潮和防透风，对于构件的边棱、端部和凸角要特别加强保温；新浇混凝土与已硬化混凝土连接处，为避免热量的传导损失，必要时应采取局部加热措施。

Ⅱ. 适用范围

当结构表面系数较小或气温不太低时，应优先采用蓄热法施工。蓄热法的适用范围大致如表 13 - 8 所示。

表 13 - 8 蓄热法适用范围

室外平均气温/℃	结构表面系数			
	5 ~ 7.5	7.5 ~ 10	10 ~ 12.5	12.5 ~ 15
0	蓄热法	蓄热法	蓄热法	蓄热法
-2	蓄热法	蓄热法	蓄热法	综合蓄热法
-5	蓄热法	蓄热法	综合蓄热法	综合蓄热法
-8	蓄热法	综合蓄热法	综合蓄热法	
-10	综合蓄热法	综合蓄热法		

注：综合蓄热法即在蓄热法工艺的基础上，在混凝土中掺入防冻剂，以延长硬化时间和提高抗冻害能力。

Ⅲ. 施工注意事项

(1)混凝土浇筑后要在裸露的混凝土表面先用塑料薄膜等防水材料覆盖，然后铺设保温材料。对于端部，其厚度要增大到面部的 2 ~ 3 倍。

(2)混凝土浇筑后应有一套严格的测温制度，如发现混凝土温度下降过快或遇寒流袭击，应立即采取补加保温层或人工加热措施。

(3)采用组合钢模板时，宜采用整装整拆方案，并确保模板保温效果和减少材料消耗。为了便于脱模，可在混凝土强度达到 1 MPa 后，使侧模板轻轻脱离混凝土再合上继续养护到拆模。

2)暖棚法养护

Ⅰ. 工艺特点

在建筑物或构件周围搭起大棚，通过人工加热使棚内保持正温，混凝土的浇筑与养护均在棚内进行。本法的优点是施工操作与常温无异，劳动条件较好，工作效率较高，同时混凝土质量有可靠保证，不易发生冻害；缺点是暖棚搭设需大量材料和人工，供热需大量能源，费用较高。由于棚内温度较低(通常不超过 10 ℃)，所以混凝土强度增长较慢。

Ⅱ. 适用范围

暖棚法适用于混凝土工程较为集中的区域，尤其适用于混凝土量较多的地下工程。当日平均气温低于 - 10 ℃时，暖棚法不易奏效。

Ⅲ. 暖棚构造

暖棚通常以脚手材料(钢管或木杆)为骨架，用塑料薄膜或帆布围护。塑料薄膜可使用厚度大于 0.1 mm 的聚乙烯薄膜，也可使用聚丙烯编织布和聚丙烯薄膜复合而成的复合布。

塑料薄膜不仅质量轻,而且透光,白天不需要人工照明,吸收太阳能后还能提高棚内温度。

加热用的能源一般为煤或焦炭,也可使用以电、燃气、煤油或蒸汽为能源的热风机或散热器。

Ⅳ.施工注意事项

(1)暖棚出入口应设专人管理,以防封闭不严造成棚内温度下降或混凝土局部受冻。

(2)棚内各点温度均不得低于5℃。

(3)注意棚内湿度,经常观察混凝土是否有失水现象。若有失水,要及时采取增湿措施或在混凝土表面洒水养护。

(4)将烟或燃烧气排出棚外,注意防火防毒。

3)蒸汽加热法

蒸汽加热法,一种是湿热养护(棚罩法、蒸汽套法及内部通汽法),蒸汽与混凝土直接接触,利用蒸汽的湿热作用来养护混凝土;另一种是干热养护(毛管法、热模法),蒸汽作为热载体,通过散热器将热量传导给混凝土使混凝土升温。蒸汽养护混凝土时,采用普通硅酸盐水泥时最高养护温度不超过80℃,采用内部通汽法时最高加热温度不超过60℃。

蒸汽养护法的主要优点是蒸汽含热量高,湿度大,成本较低;缺点是温度、湿度难以保持均匀稳定,热能利用率低,现场管道多,容易发生冷凝和冰冻。

Ⅰ.基本要求

(1)由于矿渣硅酸盐水泥对蒸汽养护的适应性较好,养护后的最终强度损失小,因此当用蒸汽直接加热混凝土时,宜优先选用矿渣硅酸盐水泥。

(2)引气型的减水剂或引气剂掺入混凝土后,在蒸汽作用下,会增加含气量、推迟凝结时间、降低强度,因此不宜用蒸汽养护。

(3)基土为不得受水浸的土,不宜采用蒸汽加热。

(4)用于蒸汽加热的低压湿饱和蒸汽,要求相对湿度100%,温度95℃,压力0.05~0.07 MPa。当使用高压蒸汽时,应通过减压阀或过水装置方可使用。

(5)蒸汽养护的混凝土,采用普通硅酸盐水泥时最高养护温度不应超过80℃,采用矿渣硅酸盐水泥时可提高到85℃;但采用内部通汽法时,最高加热温度不应超过60℃。

Ⅱ.蒸汽室法

在结构物的周围制作能拆卸的蒸汽室,通入蒸汽以加热混凝土。如在地槽上部盖简单的盖子或在预制构件周围用保温材料(木材、砖、篷布等)做成密闭的蒸汽室通汽加热,在室内应设置排除冷凝水的沟槽,在室外沿蒸汽室四周用锯末或泥土将缝隙封闭严密,以减少热损失,如图13-13所示。本法适用于加热地槽中的混凝土结构及地面上的小型预制构件。

Ⅲ.蒸汽套法

在结构物与模板外面用一层紧密不透气的木板或其他围护材料做成蒸汽套,中间留出约150 mm的空隙,通入蒸汽来加热混凝土,如图13-14和图13-15所示。当加热肋形楼板时,在楼板的下面做蒸汽套,楼板的上面用保温材料覆盖。覆盖层与混凝土之间可以留出空隙通汽,也可直接覆盖在混凝土表面。为了加热均匀,水平构件(梁)应沿构件每1.5~2 m分段通入蒸汽,垂直构件(柱)应沿构件每3~4 m分段通汽。蒸汽由每段的下部通入蒸汽套中。本法适用于现浇柱、梁及肋形楼板等整体结构的加热,每立方米混凝土的耗汽量为800~1 200 kg。

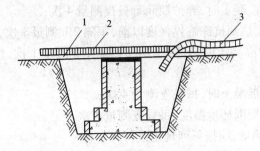

图 13-13 利用地槽作蒸汽室
1—脚手杆；2—篷布、油毡或草袋；3—进气管

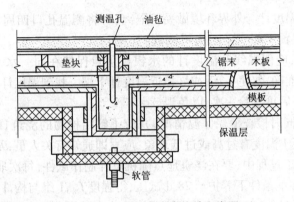

图 13-14 梁的蒸汽套构造示意图

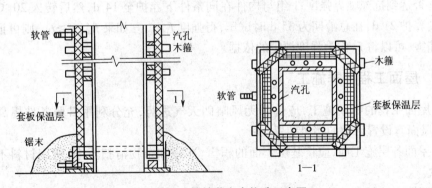

图 13-15 柱的蒸汽套构造示意图

5. 混凝土质量检查

(1)混凝土工程的冬期施工，除按常温施工的要求进行质量检查外，尚应检查以下项目：

①外加剂的质量和掺量；

②水和骨料的加热温度；

③混凝土在出机时、浇筑后和硬化过程中的温度；

④混凝土温度降至 0 ℃时的强度(负温混凝土则为温度低于外加剂的规定温度以下时)。

(2)水、骨料及混凝土出机时的温度，每工作班至少测量 4 次。

(3)混凝土温度的测量：

①采用蓄热法养护混凝土时,养护期间每昼夜测量4次;

②负温混凝土,强度达到抗冻临界强度以前,每隔2 h测量1次,以后每昼夜测量2次;

③采用加热法养护混凝土时,升降温期间每隔1 h测量1次,恒温期间每隔2 h测量1次;

④采用综合法养护混凝土时,每昼夜测量4次;

⑤室外空气温度及周围环境温度,每昼夜测量4次。

(4)混凝土的温度测量,应按下列规定进行:

①全部测温孔、点均应编号,绘制布置图,测量结果要做正式记录;

②测温孔、点应设在有代表性的结构部位和温度变化大、易冷却部位,测温孔的深度一般为10 ~ 15 cm,或板、墙厚度的1/2;

③测温时,应将温度计与外界环境做妥善隔离,可将测温孔口四周用保温材料塞住,温度计在测温孔内应留置3 min以上,方可读数。

(5)测量读数时,应使视线和温度计的水银柱顶点保持在同一水平高度上,以避免视差。读数时,要迅速准确,勿使头、手或灯接近温度计下端。找到温度计水银柱顶点后,先读小数,后读大数,记录后再复验一次,以免误读。

(6)测温人员应同时检查覆盖保温情况,并应了解结构物的浇筑日期、要求温度、养护期限等。若发现混凝土温度有过高或过低现象,应立即通知有关人员,及时采取有效措施。

(7)在混凝土施工过程中,要在浇筑地点随机取样制作试件,每次取样应同时制作3组试件。1组在20 ℃标准条件下养护至28 d试压,得强度f_{28};1组与构件在同条件下养护,在混凝土温度降至0 ℃时(负温混凝土为温度降至防冻剂的规定温度以下时)试压,用以检查混凝土是否达到抗冻临界强度;1组与构件在同条件下养护至14 d,然后转入20 ℃标准条件下继续养护21 d,在总龄期为35 d时试压,得强度$f_{14'+21}$。如果$f_{14'+21} \geqslant f_{28}$,则可证明混凝土未遭冻害,可以将$f_{28}$作为强度评定的依据。

13.1.9　屋面工程冬季施工

(1)屋面工程的冬期施工,应选择无风晴朗天气进行,充分利用日照条件提高面层温度,在迎风面宜设置活动的挡风装置。

(2)屋面各层施工前,应将基层上面的积雪、冰霜和杂物清扫干净,所用材料不得含有冰雪冻块。

(3)用沥青胶结的整体保温层和板状保温层应在气温不低于 – 10 ℃时施工,用水泥、石灰或乳化沥青胶结的整体保温层和板状保温层应在气温不低于5 ℃时施工。如气温低于上述要求,应采取保温防冻措施。雪天和五级风以上天气不得施工。

(4)找平层为水泥砂浆时,砂浆的强度等级不得低于M5,砂浆中可掺入氯化钠作防冻剂,掺量可参考表13 – 9。

表13 – 9　氯化钠的掺量(占用水量的比重)

项目	室外气温/℃		
	0 ~ – 2	– 3 ~ – 5	– 6 ~ – 7
用于平面部位	2%	4%	6%
用于檐口、天沟等部位	3%	5%	7%

（5）找平层为沥青砂浆时,基层应干燥平整,先满涂冷底子油 1～2 道,干燥后方可做找平层。沥青砂浆的施工温度见表 13－10。

表 13－10　沥青砂浆施工温度　　　　　　　　（℃）

施工时室外气温	搅拌温度	铺设温度	滚压完毕温度
5 ℃以上	140～170	90～120	60
5～－10 ℃	160～180	110～130	40

（6）防水层采用卷材时,可用热熔法或冷粘法施工。热熔法施工时气温不应低于－10 ℃,冷粘法施工时气温不应低于－5 ℃。当采用涂料做防水层时,必须使用熔剂型涂料,施工时气温不应低于－5 ℃。

13.1.10　装饰工程冬季施工

装饰工程的冬期施工有两种施工方法,即热作法和冷作法。热作法是利用房屋的永久热源或设置临时热源来提高和保持操作环境的温度,使装饰工程在正温条件下进行。冷作法是在砂浆中掺入防冻剂,使砂浆在负温条件下硬化。饰面、油漆、刷浆、裱糊、玻璃和室内抹灰均应采用热作法施工,室外大面积抹灰也应采用热作法施工,室外零星抹灰可采用冷作法施工。

1. 热作法施工

（1）在进行室内抹灰前,应将门窗口封好,门窗口的边缝及脚手眼、孔洞等亦应堵好;施工洞口、运料口及楼梯间等处做好封闭保温;在进行室外施工前,应尽量利用外架子搭设暖棚。

（2）施工环境温度不应低于 5 ℃,以地面以上 50 cm 处为准。

（3）需要抹灰的砌体,应提前加热,使墙面保持在 5 ℃以上,以便湿润墙面时不致结冰,使砂浆与墙面黏结牢固。

（4）用冻结法砌筑的砌体,应提前加热进行人工开冻,待砌体已经开冻并下沉完毕后,再行抹灰。

（5）用临时热源（如火炉等）加热时,应当随时检查抹灰层的湿度,如干燥过快发生裂纹时,应当进行洒水湿润,使其与各层（底层、面层）能很好地黏结,防止脱落。

（6）用热作法施工的室内抹灰工程,应在每个房间设置通风口或适当开放窗户,进行定期通风,排除湿空气。

（7）用火炉加热时,必须装设烟囱,严防煤气中毒。

（8）抹灰工程所用的砂浆,应在正温度的室内或临时暖棚中制作,砂浆使用时的温度应在 5 ℃以上。为了获得砂浆应有温度,可采用热水搅拌。

（9）装饰工程完成后,在 7 d 内室（棚）内温度仍不应低于 5 ℃。

2. 冷作法施工

（1）冷作法施工所用砂浆,必须在暖棚中制作,砂浆使用时的温度应在 5 ℃以上。

（2）砂浆中掺入亚硝酸钠作防冻剂时,其掺量可参考表 13－11。

表 13 – 11　砂浆中亚硝酸钠掺量（占用水量的比重）

室外气温/℃	−3 ~ 0	−9 ~ −4	−15 ~ −10	−20 ~ −16
掺量	1%	3%	5%	8%

（3）砂浆中掺入氯化钠作防冻剂时,其掺量可参考表 13 – 12。氯盐防冻剂禁用于高压电源部位和油漆墙面的水泥砂浆基层。

表 13 – 12　砂浆中氯化钠掺量（占用水量的比重）

项目	室外气温/℃	
	−5 ~ 0	−5 ~ 10
挑檐、阳台、雨罩、墙面等抹水泥砂浆	4%	4% ~ 8%
墙面为水刷石、干粘石水泥砂浆	5%	5% ~ 10%

（4）防冻剂应由专人配制和使用,配制时先制成 20% 浓度的标准溶液,然后根据气温再配制成使用浓度溶液。

（5）防冻剂的掺入量是按砂浆的总含水量计算的,其中包括石灰膏和砂子的含水量。

（6）采用氯盐作防冻剂时,砂浆内埋设的铁件均需涂刷防锈漆。

（7）抹灰基层表面如有冰霜雪时,可用与抹灰砂浆同浓度的防冻剂热溶液冲刷,将表面杂物清除干净后再行抹灰。

13.2　雨季施工

13.2.1　雨季施工的特点

（1）突然性:雨期施工具有不定期性与不可预见性。暴雨、雨水倒灌、边坡坍塌、山洪和泥石流等灾害往往容易发生,这就需要加强施工准备及防雨措施。

（2）突发性:突发降雨对土木建筑结构和地基持力层的冲刷和浸泡具有严重的破坏性,必须迅速及时保护,才能避免给工程造成损失。

（3）持续性:雨季时间很长,阻碍了工程(主要包括土方工程、屋面工程等)的顺利进行,会拖延工期。因此,施工管理人员对此必须有充分的估计,事先做好雨期施工的工作安排。

13.2.2　雨季施工的要求

（1）编制施工组织计划时,要根据雨季施工的特点,将不宜在雨季施工的分项工程提前或延后安排。对必须在雨季施工的工程应制定行之有效的技术措施。

（2）合理进行施工安排,做到晴天抓紧室外工作,雨天安排室内工作,尽量缩短雨天室外作业时间和工作面。

（3）密切注意气象预报,做好抗强台风、防汛等准备工作,必要时应及时加固在建的工程。

（4）做好建筑材料的防雨、防潮工作。

13.2.3　雨季施工的准备工作

（1）现场排水准备工作：施工现场的道路设施必须做到排水通畅，达到雨停水干；阻止地表水进入基槽，槽边做防水墙，整个施工场区排水通畅。

（2）做好原材料、成品及半成品的防雨、防潮工作，水泥堆放点必须保证不漏水，水泥堆放地面必须防潮，水泥应按"先进先用""后进后用"的原则使用，避免久存受潮而影响水泥的活性；方木、多层板等易受潮变形的材料应在室内存放，室外堆放应用防雨布覆盖严密；其他材料如塑胶管、水电管也应根据其性能做好防雨、防潮工作。

（3）在雨期前应对现场房屋如办公区、库房及电机设备房采用排水防雨措施，检查其建筑的牢固性、稳定性、严实性，以其不受暴雨侵害为原则。

（4）现场备足排水用的水泵及相关器材，并准备适量的塑料布、油毡等防雨材料。

（5）施工人员现场作业时应配备雨衣、雨靴等劳保用品。

13.2.4　各分项工程在雨期施工的防雨措施

现场临时排水的总体规划，包括阻止场外水流入现场和使现场内水排出场外。其原则是上游截水、下游散水、坑底抽水、地面排水，根据当地历年最大降雨量和降雨时期，结合场地地形和施工要求通盘考虑。

根据临时排水沟和截水沟设计的一般规定，要求做到：

（1）纵向边坡坡度一般小于 0.3%，平坦地区小于 0.2%；

（2）沟的横断面尺寸由施工期内可能遇到的最大流量确定为沟宽 250 mm、沟深 250 mm。

雨期施工各分项工程应采取的措施如下。

1. 土方工程

（1）距基槽周边要做防水墙，以阻止场内雨水流入基坑；基槽周圈道路硬化，以满足运输要求。

（2）为防止槽边积水，将槽边向周圈道路做 2% 找坡。

（3）雨期施工的工作面不宜过大，应逐段逐片地分期完成，基础挖槽到标高后及时验收并浇筑混凝土垫层。

（4）为防止基坑浸泡，开挖时要在坑内做好排水沟和集水井。

（5）回填土施工时注意观测雨情，雨前及时夯完已填土层并将表面压光，做成一定坡势，以利排水；严格控制土的含水量。雨后回填时干土与表层湿土搅拌使用，如含水率仍不能满足要求，回填土必须晾晒后方可使用。

2. 混凝土工程

（1）由工程施工进度可知，雨期施工混凝土工作量大，相应给其施工造成一定难度，故人员组织计划应有周到细致的部署。要求混凝土均采用商品混凝土，并调整好坍落度，减少由于砂石含水率变化造成的计量误差。

（2）总的要求是遇到大暴雨时应立即停止混凝土浇筑，对已浇筑的部位用塑料布或其他防雨材料覆盖，必要时根据其结构浇筑部位做多留施工缝处理。

（3）柱、墙体混凝土浇筑时，在不影响其混凝土浇筑质量的情况下，小雨天可以浇筑，但必须加强相应的防护措施。

(4)对大面积混凝土浇筑,应在浇筑前了解未来2~3 d的天气预报,尽量避开大雨,混凝土浇筑现场要预备大量的防雨材料,以备浇筑时突然遇雨进行覆盖,同时现场施工人员必须保持镇定,不可乱,指挥人员应有条不紊地指挥现场工作。

3. 模板工程

工程顶板模板采用多层板、木材,柱模板采用定型钢模或多层板、木材。

(1)模板的储存:对进场的模板木方、多层板存放在木工棚内,对未存放在木工棚内的,底部要垫200 mm高的垫层,上部用苫布或彩条布覆盖,防止雨水淋湿、浸泡;钢模板进场后若长时间放置,板面需做刷油处理,以防雨淋生锈。

(2)多层板在使用中用锯切割的板边,应及时刷封边漆。

(3)顶板、梁、墙内的积水不能自行排出的,及时用吸尘器清理,复杂的部位应拆除模板进行处理。

(4)雨后模板工长要对模板的支撑、顶撑等是否牢固稳定进行检查,不稳定的部位对其进行加固处理,无隐患后方可继续施工。

(5)胶条被雨水冲刷的部位施工前进行复查,合格后方可进行下道工序,否则要进行补救。

(6)雨中、雨后施工中,脚手架、模板支撑、模板上不得站人,并系好安全带;在光滑的模板上行走要穿防滑鞋。

(7)雨后对顶板标高进行复查,及时排出积水。

4. 钢筋工程

(1)对进场的钢筋,用木方垫起架空于地上200 mm,上面用苫布进行覆盖,四周做好排水。

(2)钢筋的半成品加工成型后及时存放于钢筋棚内,钢筋的下面用木方垫起200 mm,四周做好排水,防止雨水浸泡。

(3)对于施工现场绑扎成型的钢筋,大雨来临之前首先要进行覆盖,对被雨水冲刷产生锈蚀的部位,根据实际情况进行除锈处理,对严重腐蚀的钢筋,应清出现场不准使用,保证钢筋的黏结力。

(4)对于机械连接的钢筋接头,处理好存于室内,要加以覆盖并绑好。

(5)钢筋加工棚的防雨措施:

①检查钢筋加工棚是否牢固、坚实,是否有渗雨、漏雨的地方,发现问题应及时修补,保证不受大风雨天气的影响,钢筋加工棚支撑体系要牢固;

②钢筋的存放,要求能入棚的要入棚存放,存放地必须保证干燥,其地面要求垫高200 mm,不能入棚的钢筋用苫布覆盖。

(6)检查现场临时排水设施是否齐全。

5. 机械防雨

(1)施工现场用配电箱要加盖防雨苫布。

(2)水电设备的电闸要采取防雨、防潮措施,并安装接地保护装置,以防漏电、触电,防止雨水进入开关造成短路。

(3)加强施工电缆、电线的检查和加固,对台风、暴雨期间不使用的电气设备,其电源全部切断。

(4)所有的机械棚搭设必须牢固,防止倒塌、漏水。

（5）电机设备应采取防雨、防淹措施,安装接地安全装置。

（6）机动电闸箱的漏电保护装置要切实可靠。

（7）现场所有用电设备、闸箱、输电线路进行安装时均考虑防潮措施,并符合用电安全规则,保证雨季安全用电;对保温材料、风管等的堆场要加强检查,防止漏水;对其他精密仪表要加强防护,避免损坏影响精度。

（8）对露天保温风管要加盖帆布,对敷设电缆及导线两端用绝缘防水胶布缠绕密封,防止进水影响其绝缘性,对仪表要用塑料袋覆盖并扎紧下部。

（9）风雨过后对脚手架、搭设的梯子平台等设施认真检查,发现问题整改加固并经专业人员检查后,方可投入使用。

（10）认真检查现场各种用电设施是否完好,确认未受水淹时方可投入正常动作;如发现被水浸泡或受潮,必须重新测试。

6. 夜间防雨措施

（1）遇到夜间下大雨,应立即停止现场施工,依据具体施工部位需用防雨苫布遮盖的必须以防雨苫布遮盖,对夜间使用的照明灯具应立即停止使用。

（2）密切关注夜间气象预报,对夜间降雨要有预见性,并作出正确的估计。

（3）下雨天气值班人员应负起责任巡视现场。

12.2.5　雨期施工做好防雷设置

（1）为防止雨期雷电袭击造成事故,在施工现场高出建筑物的钢脚手架必须装设防雷设置。

（2）防雷设置的接线可用截面面积小于 12 mm^2 的铜导线,也可用直径不小于 8 mm 的圆钢。

（3）避雷针应装在高出建筑物的塔吊、钢脚手架的最上端。

（4）接地体采用棒形接地体,一般采用长 2.5 m、壁厚不小于 2.5 mm 的钢管。

（5）防雷装置的避雷针、接地线和接地体必须采用双面焊焊接,焊接长度应为圆钢直径的 6 倍,电阻不宜超过 4 Ω。

13.2.6　雨季施工现场安全技术措施

（1）本工程临时电气设备,设专人昼夜值班,随时检查现场的安全隐患,雨后及时对接地进行摇测。

（2）施工现场的临时配电箱,均加接地保护,每天电工用仪表对每台配电箱进行检查,并做好检查记录,交安全员保管。雨天过后电工检查保护接地、接零电路是否完好。发现安全隐患立即修正,必要时停电整顿。

（3）对现场的临时用电照明采用 36 V 的行灯,现场不采用 200 V 的碘钨灯,以防漏电伤人。

（4）安全员定期检查各种机械的安全运转情况,并做好安全运行记录。

（5）雨后检查脚手架、物料提升机、道路、边坡、配电箱、排水等是否正常,并及时向项目经理汇报,并有书面材料。

（6）对各种电气设备按临时用电标准执行,每周进行一次安全教育会,对违章、不符合规定的人和事进行处理并改正,做好相关记录。

复习思考题

1. 如何根据冬期施工的特点做好前期准备工作?

2. 冬季施工时,基坑防冻方法有哪几种? 各有什么特点?

3. 混凝土冬期施工防早期冻害的措施有哪几种?

4. 混凝土冬期施工的养护方法有哪几种? 各自有什么特点?

5. 简述蓄热法养护的特点和适用范围。

6. 砌筑工程的冬期施工应优先选用何种方法? 对保温绝缘、装饰等有特殊要求的工程应采用何种方法?

7. 简述各分部分项工程雨季施工的技术措施。

第14章 防水工程

防水工程分为屋面工程防水和地下工程防水。防水工程的优劣,不仅关系到建筑物或构筑物的使用寿命,而且直接关系到它们的使用功能。影响防水工程质量的因素有设计的合理性、防水材料的选择、施工工艺及施工质量、保养与维修管理等。其中,施工质量是关键因素。

屋面及地下工程的防水等级均分为4级,地下工程防水等级标准及设防要求见表14-1、表14-2和表14-3。

表14-1 地下工程防水等级标准

防水等级	标准
I级	不允许渗水结构表面无湿渍
II级	不允许漏水结构表面可有少量湿渍,湿渍总面积不大于总防水面积的1‰,单个湿渍面积不大于0.1 m²,任意100 m²防水面积不超过1处
III级	有少量漏水点,不得有线流和漏泥砂,单个湿渍面积不大于0.3 m²,单个漏水点的漏水量不大于2.5 L/d,任意100 m²防水面积不超过7处
IV级	有漏水点,不得有线流和漏泥砂,整个工程平均漏水量不大于2 L/(m²·d),任意100 m²防水面积的平均漏水量不大于4 L/(m²·d)

表14-2 明挖法地下工程防水设防(1)

工程部位		主体						施工缝				
防水措施		防水混凝土	防水砂浆	防水卷材	防水涂料	塑料防水板	金属板	遇水膨胀止水条	中埋式止水带	外贴式止水带	外抹防水砂浆	外涂防水涂料
防水等级	I级	应选	应选一至二种					应选二种				
	II级	应选	应选一种					应选一至二种				
	III级	应选	宜选一至二种					宜选一至二种				
	IV级	宜选						宜选一种				

表 14 –3   明挖法地下工程防水设防(2)

工程部位		后浇带			变形缝、诱导缝						
防水措施		膨胀混凝土	遇水膨胀止水条	外贴式止水带	防水嵌缝材料	中埋式止水带	外贴式止水带	可卸式止水带	防水嵌缝材料	外贴防水卷材	外涂防水涂料	遇水膨胀止水条
防水等级	I 级	应选	应选二种	应选	应选二种						
	II 级	应选	应选一至二种	应选	应选一至二种						
	III 级	应选	宜选一至二种	应选	宜选一至二种						
	IV 级	应选	宜选一种	应选	宜选一种						

14.1 屋面防水工程

建筑屋面防水的原则是"以排为主,防排结合",屋面根据排水坡度分为平屋面和坡屋面两类,排水组织方式分为有组织排水和无组织排水。根据建筑物的性质、重要程度、使用功能要求,建筑屋面防水等级分为 I 、II 、III 、IV 级,防水层合理使用年限分别规定为 25 年、15 年、10 年、5 年。根据不同的屋面防水等级和防水层合理使用年限,分别选用高、中、低档防水材料,进行一道或多道设防,作为设计人员进行屋面工程设计时的依据,见表 14 – 4 和表 14 –5。屋面根据防水层材料不同,主要分为卷材防水屋面、涂膜防水屋面和刚性防水屋面。

表 14 –4   屋面工程的防水等级和设防要求

项目	屋面防水等级			
	I	II	III	IV
建筑物类别	特别重要或对防水有特殊要求的建筑	重要建筑和高层建筑	一般建筑	非永久性建筑
使用年限	25 年	15 年	10 年	5 年
防水层选用材料	合成高分子防水卷材、高聚物改性沥青防水卷材、金属板材、合成高分子防水涂料、细石混凝土等	前述材料 + 高聚物改性沥青防水涂料、平瓦、油毡瓦等	前述材料 + 三毡四油沥青防水卷材等	二毡三油沥青防水卷材、高聚物改性沥青防水涂料等
设防要求	三道或三道以上设防	二道设防	一道设防	一道设防

表 14 –5   屋面防水层厚度选用规定

屋面防水等级	I	II	III	IV
合成高分子防水卷材	≥1.5 mm	≥1.2 mm	≥1.2 mm	—
高聚物改性沥青防水卷材	≥3 mm	≥3 mm	≥4 mm	—
沥青防水卷材	—	—	三毡四油	二毡三油

屋面防水等级	I	II	III	IV
高聚物改性沥青防水涂料	—	≥3 mm	≥3 mm	≥2 mm
合成高分子防水涂料	≥1.5 mm	≥1.5 mm	≥2 mm	—
细石混凝土	≥40 mm	≥40 mm	≥40 mm	—

屋面分类:按形式划分,可分为平屋面、斜坡屋面;按保温隔热功能划分,可分为保温隔热屋面和非保温隔热屋面;按防水层位置划分,可分为正置式屋面和倒置式屋面;按屋面使用功能划分,可分为非上人屋面、上人屋面、绿化种植屋面、蓄水屋面、停车和停机屋面、运动场所屋面等;按采用的防水材料划分,可分为卷材防水屋面、涂膜防水屋面、瓦屋面、金属板材屋面、刚性混凝土防水屋面等。

14.1.1　卷材防水屋面

卷材防水屋面是指采用黏结胶粘贴卷材或采用底面带黏结胶的卷材进行热熔或冷粘贴于屋面基层进行防水的屋面,其典型构造层次如图 14-1 所示,具体构造层次根据设计要求而定,属于柔性防水层。其特点是防水层的柔韧性较好,能适应一定程度的结构振动和胀缩变形;但卷材易老化、易起鼓、耐久性差、施工工序多、工效低,产生渗漏水时,修补较困难。

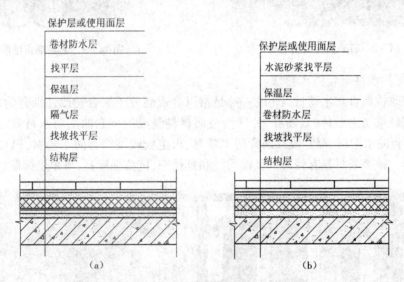

图 14-1　卷材防水屋面构造层次示意图
(a)正置式屋面　(b)倒置式屋面

1.卷材防水屋面常用材料

防水卷材应具备以下特性:水密性,即具有一定的抗渗能力,吸水率低,浸泡后防水能力降低少;大气稳定性好,在阳光、紫外线、臭氧作用下性能持久;温度稳定性好,高温不流淌变形,低温不脆断,在一定温度条件下,保持良好性能和一定的力学性能;能承受施工及变形条件下产生的荷载,具有一定强度和伸长率;施工性良好,便于施工,工艺简便;污染少,对人无危害,对环境无污染。

1)卷材

卷材主要有沥青防水卷材、高聚物改性沥青防水卷材和合成高分子防水卷材三大系列。

Ⅰ.卷材简介

Ⅰ)沥青防水卷材

沥青防水卷材是指将原纸、织物纤维、纤维毡等胎体材料浸渍于沥青中,然后在其表面撒布云母片等材料制成的可卷曲的片状防水材料。常用的沥青防水卷材有石油沥青纸胎卷材(图14-2和图14-3)、石油沥青玻纤胎卷材、石油沥青麻布胎卷材等。该类卷材低温时柔性较差,防水耐用年限短。

图14-2 石油沥青纸胎卷材

图14-3 石油沥青纸胎卷材

Ⅱ)高聚物改性沥青防水卷材

高聚物改性沥青防水卷材(图14-4)是指以合成高分子聚合物改性沥青为涂盖层,用纤维织物或纤维毡为胎体,以粉状、片状为覆面材料制成的可卷曲的防水材料。常用的有SBS改性沥青防水卷材、APP改性沥青防水卷材、再生胶改性沥青防水卷材、PVC改性沥青防水卷材等。该类卷材具有较好的低温柔性和延伸率,抗拉强度高,可单层铺贴。

图14-4 高聚物改性沥青防水卷材

Ⅲ）合成高分子防水卷材

合成高分子防水卷材是指以合成橡胶、合成树脂或两者的混合体为基料,加入适量的化学助剂和填充料,经混炼、压延或挤出等工序加工而成的可卷曲的片状防水材料。常用的有三元乙丙橡胶防水卷材(14-5)、丁基橡胶防水卷材、聚氯乙烯防水卷材、氯化聚乙烯防水卷材等。该类卷材具有良好的低温柔性和适应基层变形的能力,耐久性好,使用年限较长,一般为单层铺贴。

图 14-5 三元乙丙橡胶防水卷材

Ⅱ. 防水卷材的质量验收

首先检查出厂质量合格证(应有生产厂家质量检验部门的盖章及防伪认证标志)和试验报告单(应有试验编号),材质证明和实物应物证相符,并抽样进行外观检验和物理性能试验。同一品种、牌号、规格的卷材抽样:>1 000 卷的抽 5 卷;500～1 000 卷抽 4 卷;100～499 卷抽 3 卷; <100 卷抽 2 卷。

进场卷材的物理性能检验项目如下。

(1)沥青防水卷材:纵向拉力、耐热度、柔度、不透水性。

(2)高聚物改性沥青防水卷材:可溶物含量、拉力、最大拉力时延伸率、耐热度、低温柔度、不透水性。

(3)合成高分子防水卷材:断裂拉伸强度、扯断伸长率、低温弯折、不透水性。

2)基层处理剂(冷底子油)

防水层施工之前,预先涂刷在基层上的涂料称为基层处理剂,如图 14-6 所示。涂刷基层处理剂是为了增强防水材料与基层之间的黏结力。不同种类的卷材应选用与其材性相容的基层处理剂。沥青防水卷材用的基层处理剂可选用冷底子油;高聚物改性沥青防水卷材用的基层处理剂可选用氯丁胶沥青乳液、橡胶改性沥青溶液和冷底子油等材料;合成高分子防水卷材用的基层处理剂可选用聚氨酯二甲苯溶液、氯丁橡胶溶液和氯丁胶沥青乳液等材料。

3)胶黏剂

防水卷材用的胶黏剂,选用时应与所用卷材的材性相容,如图 14-7 所示。粘贴沥青防水卷材时,可选用沥青胶。粘贴高聚物改性沥青防水卷材时,可选用橡胶或再生橡胶改性沥青的汽油溶液或水乳液作胶黏剂,应检验其黏结剥离强度。粘贴合成高分子防水卷材时,可选用以氯丁橡胶和丁酚醛树脂为主要成分的胶黏剂,或以氯丁橡胶乳液制成的胶黏剂,应检验其黏结剥离强度和浸水 168 h 黏结剥离强度保持率等。

图 14-6 乳化沥青（冷玛蹄脂、冷底子油）

图 14-7 氯丁橡胶胶黏剂

2. 找平层施工

1）找平层的种类和做法

防水层的基层从广义上讲，包括结构基层和直接依附防水层的找平层；从狭义上讲，防水层的基层是指在结构层或保温层上面起找平作用的基层，俗称找平层。找平层是防水层依附的一个层次，为了保证防水层受基层变形影响小，基层应有足够的刚度和强度，使其变形小、坚固，当然还要有足够的排水坡度，使雨水迅速排走。目前作为防水层基层的找平层有水泥砂浆、细石混凝土和沥青砂浆几种做法，其技术要求见表 14-6。

表 14-6 找平层厚度和技术要求

类别	基层种类	厚度/mm	技术要求
水泥砂浆找平层	整体混凝土	15~20	1:(2.5~3)(水泥:砂)体积比，水泥强度等级不低于 32.5 级
	整体或板状材料保温层	20~25	
	装配式混凝土板、松散材料保温层	20~30	
细石混凝土找平层	松散材料保温层	30~35	混凝土强度等级不低于 C20
沥青砂浆找平层	整体混凝土	15~20	1:8(沥青:砂)质量比
	装配式混凝土板、整体或板状材料保温层	20~25	

平屋面防水技术"以防为主，以排为辅"，但要求将屋面雨水在一定时间内迅速排走，不得有积水，这是减少渗漏的有效方法。所以要求屋面有一定排水坡度，施工时必须按照《屋面工程质量验收规范》要求操作，见表 14-7。

为了避免或减少找平层开裂，找平层宜留设分格缝，缝宽 5~20 mm，缝中宜嵌密封材料。分格缝兼作排汽道时，分格缝可适当加宽，并应与保温层连通。分格缝宜留在板端缝处，其纵横缝的最大间距为：找平层采用水泥砂浆或细石混凝土时，不宜大于 6 m；找平层采用沥青砂浆时，不宜大于 4 m。分格缝施工可预先埋入木条、聚苯乙烯泡沫条或事后用切割机锯出。

表14-7　找平层的坡度要求

项目	平屋面		天沟、檐沟		雨水口周边500 范围
	结构找坡	材料找坡	纵向	沟底水落差	
坡度要求	≥3%	≥2%	≥1%	≤200 mm	≥5%

为了避免或减少找平层开裂,在找平层的水泥砂浆或细石混凝土中宜掺加减水剂和微膨胀剂或抗裂纤维,尤其在不吸水保温层上(包括用塑料膜作隔离层)做找平层时,砂浆的稠度和细石混凝土的坍落度要低,否则极易引起找平层的严重裂缝。

找平层在屋面平面与立面交角处称为阴阳角,是变形频繁、应力集中的部位,也会引起防水层被拉裂。因此,根据不同防水材料,对阴阳角的弧度做不同的要求。合成高分子卷材薄且柔软,弧度可小;沥青卷材厚且硬,弧度要求大,见表14-8。

表14-8　找平层转角弧度

卷材种类	沥青防水卷材	高聚物改性沥青防水卷材	合成高分子防水卷材
圆弧半径/mm	100~150	50	20

2)找平层质量要求

找平层是防水层的依附层,其质量好坏将直接影响到防水层的质量,所以找平层必须做到:坡度要准确,使排水通畅;混凝土和砂浆的配合比要准确;表面要二次压光、充分养护,使找平层表面平整、坚固,不起砂、不起皮、不酥松、不开裂,并做到表面干净、干燥。

但是不同材料防水层对找平层的各项性能要求各有侧重,有些要求必须严格执行,达不到要求就会直接危害防水层的质量,造成对防水层的损害,有些则可要求低些,有些可不予要求,见表14-9。

表14-9　不同防水层对找平层的要求

项目	卷材防水层		涂膜防水层	密封材料防水层	刚性防水层	
	实铺	点、空铺			混凝土防水层	砂浆防水层
坡度	足够排水坡度	足够排水坡度	足够排水坡度	—	一般要求	一般要求
强度	较好强度	一般要求	较好强度	坚硬	一般强度	较好强度
表面平整	平整、不积水	平整、不积水	平整度高、不积水	一般要求	一般要求	一般要求
起砂起皮	不允许	少量允许	严禁出现	严禁出现	无要求	无要求
表面裂纹	少量允许	不限制	不允许	不允许	无要求	无要求
干净	一般要求	一般要求	一般要求	严格要求	一般要求	一般要求
干燥	干燥	干燥	干燥	严格干燥	无要求	无要求
光面或毛面	光面	毛面	光面	光面	毛面	毛面
混凝土原表面	直接铺贴	直接铺贴	刮浆平整	刮浆平整	直接施工	直接施工

3)水泥砂浆找平层施工。

(1)屋面结构为装配式钢筋混凝土屋面板时,应用细石混凝土嵌缝,嵌缝的细石混凝土宜掺微膨胀剂,强度等级不应小于C20。当板缝宽度大于40 mm或上窄下宽时,板缝内应设置构造钢筋,灌缝高度应与板平齐,板端应用密封材料嵌缝。

(2)检查屋面板等基层是否安装牢固,不得有松动现象。铺砂浆前,基层表面应清扫干净并洒水湿润(有保温层时,不得洒水)。

(3)留在屋架或承重墙上的分格缝,应与板缝对齐,板端方向的分格缝也应与板端对齐,用小木条或聚苯泡沫条嵌缝留设,或在砂浆硬化后用切割机锯缝。缝高同找平层厚度,缝宽5~20 mm。

(4)砂浆配合比要称量准确,搅拌均匀,底层为塑料薄膜隔离层、防水层或不吸水保温层,宜在砂浆中加减水剂并严格控制稠度。砂浆铺设应按由远到近、由高到低的程序进行,最好在每一分格内一次连续抹成,严格掌握坡度,可用2 m左右的直尺找平。天沟一般先用轻质混凝土找坡。

(5)待砂浆稍收水后,用抹子抹平、压实、压光;终凝前,轻轻取出嵌缝木条,完工后表面少踩踏;砂浆表面不允许撒干水泥或水泥浆压光。

(6)注意气候变化,如气温在0 ℃以下,或终凝前可能下雨时,不宜施工;如必须施工时,应有技术措施,保证找平层质量。

(7)铺设找平层12 h后,需洒水养护或喷冷底子油养护。

(8)找平层硬化后,应用密封材料嵌填分格缝。

4)沥青砂浆找平层施工

(1)检查屋面板等基层安装牢固程度,不得有松动之处,屋面应平整、找好坡度并清扫干净。

(2)基层必须干燥,然后满涂冷底子油1~2道,涂刷要薄而均匀,不得有气泡和空白,涂刷后表面保持清洁。

(3)待冷底子油干燥后可铺设沥青砂浆,其虚铺厚度为压实后厚度的1.30~1.40倍。

(4)施工时沥青砂浆的温度要求参见表14-10。

表14-10　沥青砂浆施工温度

室外温度/℃	沥青砂浆温度/℃		
	拌制	铺设	滚压完毕
+5以上	140~170	90~120	60
-10~+5	160~180	100~130	40

(5)待砂浆刮平后,即用火滚进行滚压(夏天温度较高时,筒内可不生火),滚压至平整、密实、表面没有蜂窝、不出现压痕为止。滚筒应保持清洁,表面可涂刷柴油。滚压不到之处,可用烙铁烫压平整,施工完毕后避免在上面踩踏。

(6)施工缝应留成斜槎,继续施工时接槎处应清理干净并刷热沥青一遍,然后铺沥青砂浆,用火滚或烙铁烫平。

(7)雾、雨、雪天不得施工。一般不宜在气温0 ℃以下施工。如在严寒地区必须在气温0 ℃以下施工时,应采取相应的技术措施,如分层分段流水施工及采取保温措施等。

(8)滚筒内的炉火及灰烬不得外泄在沥青砂浆面上。

(9)沥青砂浆铺设后,最好在当天铺第一层卷材,否则要用卷材盖好,防止雨水、露气浸入。

5)找平层缺陷对防水层的影响和处理

找平层缺陷会直接危害防水层,有些还会造成渗漏,但由于种种原因,找平层施工时存在缺陷,那就必须采取补救的办法,只要找平层强度没有问题(强度不足必须返工重作),为避免过大损失和延误工期,还是可以进行修补的。找平层缺陷对防水层影响及修补方法见表 14 - 11。

表 14 - 11　找平层缺陷对防水层影响及修补方法

序号	找平层缺陷	对防水层影响	修补方法
1	坡度小、不平整、积水	使卷材、涂料、密封材料长期受水浸泡降低性能,在太阳和高温下水分蒸发使防水层处于高热、高湿环境,并经常处于干湿交替环境,加速老化	采用聚合物水泥砂浆修补抹平
2	表面起砂、起皮、麻面	使卷材、涂料不能黏结,造成空鼓;使密封材料黏结不牢,造成渗漏	清除起皮、起砂、浮灰,用聚合物水泥砂浆涂刷、养护
3	转角圆弧不合格	转角处应力集中,常常会开裂,弧度不合适时,会使卷材或涂膜脱层、开裂	用聚合物水泥砂浆修补或放置聚苯乙烯泡沫条
4	找平层裂纹	易拉裂卷材,或会增加防水层拉应力,在高应力状况下,卷材、涂膜会加速老化	涂刷一层压密胶,或用聚合物水泥砂浆涂刮修补
5	潮湿不干燥	使卷材、涂料、密封材料黏结不牢,并使卷材、涂料起鼓破坏,密封材料脱落,造成渗漏	自然风干,刮一道"水不漏"等表面涂刮剂
6	未设分格缝	使找平层开裂	切割机锯缝
7	预埋件不稳	刺破防水层造成渗漏	凿开预埋件周边,用聚合物水泥砂浆补好

6)找平层质量检验

做好高质量找平层的基础是材料本身的质量和一定的排水坡度,只要首先控制好这个基本要求,在施工过程中再进行有效控制,找平层的质量就可以达到要求。施工过程中主要应控制表面的二次压光和充分养护,检查其表面平整度,有否起砂、起皮,转角圆弧正确与否,分格缝设置是否合理。找平层质量检验见表 14 - 12。

表 14 - 12　找平层质量检验

检验项目		要求	检验方法
主控项目	找平层材料的质量及配合比	必须符合设计要求	检查出厂合格证、质量检验报告和计量措施
	屋面(天沟、檐沟)找平层排水坡度	必须符合设计要求	用水平仪(水平尺)、拉线和尺量检查

续表

检验项目		要求	检验方法
一般项目	基层与突出屋面结构的交接处和基层的转角处	应做成圆弧,且整齐平顺	观察和尺量检查
	水泥砂浆、细石混凝土找平层	应平整、压光,不得有酥松、起砂、起皮现象	观察检查
	沥青砂浆找平层	不得有拌和不匀、蜂窝现象	观察检查
	找平层分格缝的位置和间距	应符合设计要求	观察和尺量检查
	找平层表面平整度的允许偏差	5 mm	2 m 靠尺和楔形塞尺检查

3.卷材防水层施工

卷材防水层施工的关键是:基层必须有足够的排水坡度,并且干净、干燥;搭接缝必须耐久、可靠,在合理使用年限内不得脱开,这是卷材防水的关键所在;施工铺贴时松紧适度,高分子卷材后期收缩大,铺贴时必须松而不皱,改性沥青卷材由于温感性强,必须拉紧铺贴;卷材端头(包括与涂膜结合处)的固定和密封必须牢固严密;立面和大坡度应有防止下坠下滑的措施。

1)施工前准备工作

屋面工程施工前,应进行图纸会审,掌握施工图中的细部构造及有关技术要求,并应编制防水施工方案或技术措施;施工负责人应向班组进行技术交底。内容包括:施工部位、施工顺序、施工工艺、构造层次、节点设防方法、增强部位及做法、工程质量标准、保证质量的技术措施、成品保护措施和安全注意事项;防水层所用的材料应有材料质量证明文件,并经指定的质量检测部门认证,确保其质量符合技术要求;进场材料应按规定抽样复验,提出试验报告,严禁在工程中使用不合格产品;准备好熬制或拌和胶黏剂、运输防水材料、涂刷胶黏剂、嵌填密封材料、铺贴卷材、清扫基层等施工操作中各种必需的工具、用具、机械以及安全设施、灭火器材;检查找平层的施工质量是否符合表14－12中的要求。当出现局部凹凸不平、起砂、起皮、裂缝以及预埋件不稳等缺陷时,可按有关方法修补;检查找平层含水率是否满足铺贴卷材的要求。

2)卷材防水层的施工流程

基层表面清理、修整→喷、涂基层处理剂→节点附加层处理→定位、弹线、试铺→铺贴卷材→收头处理、节点密封→保护层施工。

Ⅰ.基层处理与干燥度检查

检查基层质量是否符合规定和设计要求,并进行清理、清扫,如图14－8所示。若存在凹凸不平、起砂、起皮、裂缝、预埋件固定不牢等缺陷,应及时进行修补。检查基层干燥度是否符合要求,简易检验方法是用 1 m² 卷材平坦地干铺在找平层上,静置 3～4 h 后掀开检查,找平层覆盖部位与卷材上未见水印即可铺设。

Ⅱ.喷、涂基层处理剂

用长把滚刷将基层处理剂均匀涂刷于基层表面上,要求涂刷均匀、厚薄一致,不能漏刷、露底,干燥后(常温经过 4 h)开始铺贴卷材,如图14－9和图14－10所示。

Ⅲ.节点附加层处理

节点为细部构造,是屋面工程中最容易出现渗漏的薄弱环节。据调查表明,在渗漏的屋

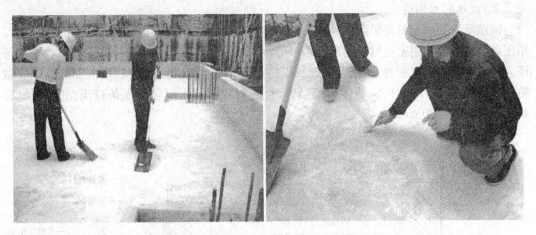

图 14 - 8　清理基地、铲除灰渣和油污等附着物

图 14 - 9　涂刷冷底子油基层处理剂

图 14 - 10　涂刷环氧改性沥青基层处理剂

面工程中,70% 以上是节点渗漏,主要包括天沟、泛水、水落口、管根、檐口、阴阳角等处。在节点处首先铺贴 1~2 层卷材附加层,附加的范围应符合设计和屋面工程技术规范的规定。

Ⅰ)天沟、檐沟防水构造

在天沟、檐沟与屋面交接处空铺宽度不应小于 200 mm 的附加层;对外檐封口的防水层应收头固定密封,上面用水泥砂浆抹压,如图 14 - 11 所示。

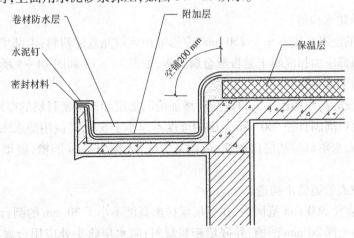

图 14 - 11　檐沟防水构造示意图

Ⅱ)泛水防水构造

铺贴泛水处的卷材应采用满粘法。墙体为砖墙时,卷材收头可直接铺至女儿墙压顶下,用压条钉压固定并用密封材料封闭严密,压顶应做防水处理(图14-12(a));卷材收头也可压入砖墙凹槽内固定密封,凹槽距屋面找平层高度不应小于250 mm,凹槽上部的墙体应做防水处理(图14-12(b))。墙体为混凝土时,卷材收头可采用金属压条钉压,并用密封材料封固(图14-12(c))。

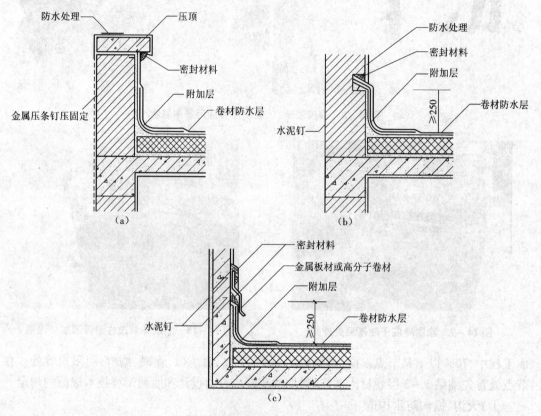

图 14-12 泛水防水构造示意图

(a)、(b)墙体为砖墙　(c)墙体为混凝土

Ⅲ)变形缝防水构造

变形缝处的泛水高度不小于250 mm,变形缝内宜填充泡沫塑料,上部填放衬垫材料,并用卷材封盖,顶部应加扣混凝土盖板或金属盖板,如图14-13和图14-4所示。

Ⅳ)水落口防水构造

水落口埋设标高应考虑水落口设防时增加的附加层和柔性密封层的厚度及排水坡度加大的尺寸;水落口周围直径500 mm范围内坡度不应小于5%,并应用防水涂料涂封,其厚度不应小于2 mm;水落口与基层接触处,应留宽20 mm、深20 mm凹槽,嵌填密封材料,如图14-15所示。

Ⅴ)伸出屋面管道防水构造

管道根部直径500 mm范围内,找平层应抹出高度不小于30 mm的圆台,管道与找平层间应留宽20 mm、深20 mm凹槽,并嵌填密封材料;防水层收头处应用金属箍箍紧,并用密封材料填严,如图14-16和图14-17所示。

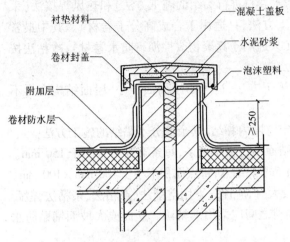

图 14 – 13　变形缝防水构造示意图

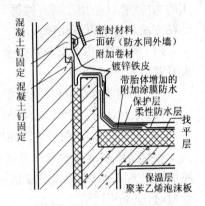

图 14 – 14　高低跨变形缝处理

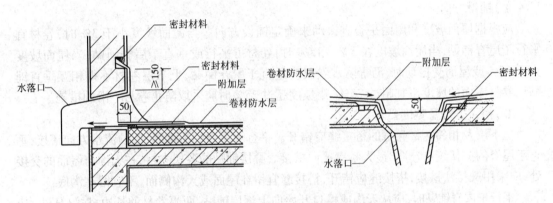

图 14 – 15　水落口防水构造示意图

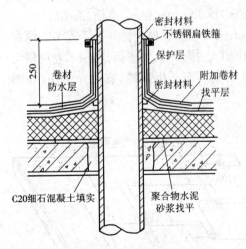

图 14 – 16　伸出屋面管道防水处理

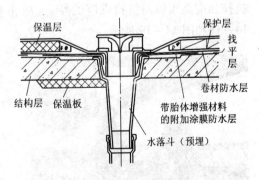

图 14 – 17　直式水落口

Ⅳ. 卷材铺贴方法

　　卷材铺贴方法包括冷粘法（在常温下采用胶黏剂等材料进行卷材与基层、卷材与卷材间黏结的施工方法）、热熔法（采用火焰加热熔化热熔型防水卷材底层的热熔胶进行黏结的施工方法)、自粘法(采用带有自黏性胶的防水卷材进行黏结的施工方法)和热风焊接法(采用热空气焊枪进行防水卷材搭接黏合的施工方法,只适用于合成高分子卷材)。其中最常用的为冷粘法(适用于所有卷材)和热熔法(只适用于高聚物改性沥青防水卷材),冷粘法按粘贴方法又分为以下几种。

(1)满粘法:指卷材与基层全部黏结的施工方法,适用于屋面面积小、屋面结构变形不大且基层较干燥的情况。

(2)空铺法:指卷材与基层仅在四周一定宽度内黏结,其余部分不黏结的施工方法。

(3)条粘法:要求每幅卷材与基层的黏结面不得少于两条,每条宽度不应小于150 mm。

(4)点粘法:要求每平方米面积内至少有5个黏结点,每点面积不小于100 mm×100 mm。

卷材防水层上有重物覆盖或基层变形较大时,应优先采用空铺法、点粘法、条粘法,但距屋面周边800 mm内以及叠层铺贴的各层卷材之间应采用满粘法。立面或大坡面铺贴防水卷材时,应采用满粘法。

Ⅴ.铺贴大面积卷材

Ⅰ)铺设方向

应根据屋面坡度和屋面是否有振动来确定铺设方向。当屋面坡度小于3%时,卷材宜平行于屋脊铺贴;当屋面坡度在3%~15%时,卷材可平行或垂直于屋脊铺贴;当屋面坡度大于15%或屋面受振动时,沥青防水卷材应垂直于屋脊铺贴,上下层卷材不得相互垂直铺贴。卷材屋面的坡度不宜超过25%,当坡度超过25%时应采取防止卷材下滑的措施。

Ⅱ)搭接方法及宽度要求

上下层及相邻两幅卷材的搭接缝应错开。平行于屋脊的搭接缝,应顺流水方向搭接;垂直于屋脊的搭接缝,应顺年最大频率风向搭接。叠层铺贴的各层卷材,在天沟与屋面的交接处,应采用叉接法搭接,搭接缝应错开,搭接缝宜留在屋面或天沟侧面,不宜留在沟底。

平行于屋脊铺贴时,应从天沟或檐口开始向上逐层铺贴,两幅卷材的长边搭接(压边)应顺流水方向,长边搭接宽度不小于70 mm(满粘法)或100 mm(空铺、点粘、条粘法);短边搭接(接头)应顺主导风向,搭接宽度不小于100 mm(满粘法)或150 mm(空铺、点粘、条粘法)。

相邻两幅卷材短边搭接缝应错开不小于500 mm,上下两层卷材应错开1/3或1/2幅卷材宽度。平行于屋脊铺贴可一幅卷材一铺到底,工作面大、接头少、效率高,利用了卷材横向抗拉强度高于纵向抗拉强度的特点,防止卷材因基层变形而产生裂缝,宜优先采用,如图14-18和图14-19所示。

图14-18　卷材平行于屋脊铺贴

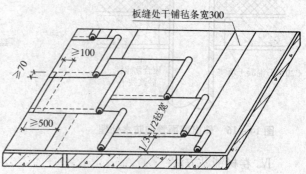

板缝处干铺毡条宽300

≥100

≥70

≥500

1/3~1/2毡宽

图14-19　卷材水平铺贴搭接要求

垂直于屋脊铺贴时,则应从屋脊向檐口铺贴,压边顺主导风向,接头顺流水方向,屋脊处不能留设搭接缝,必须使卷材相互越过屋脊交错搭接以增强屋脊的防水性和耐久性。

Ⅲ)施工顺序

同一屋面铺贴时先做好节点、附加层和屋面排水比较集中等部位的处理,然后由屋面最低处向上进行。铺贴天沟、檐沟卷材时,宜顺天沟、檐沟方向,减少卷材的搭接。铺贴多跨和有高低跨的屋面时,应按先高后低、先远后近的顺序进行,如图 14－20 所示。

图 14－20　高低跨屋面施工

Ⅵ.冷粘法施工要点

(1)胶黏剂涂刷应均匀、不露底、不堆积;卷材空铺、点粘、条粘时,应按规定的位置及面积涂刷胶黏剂。

(2)根据胶黏剂的性能,应控制胶黏剂涂刷与卷材铺贴的间隔时间。

(3)铺贴的卷材下面的空气应排尽,并辊压黏结牢固。

(4)铺贴卷材应平整顺直,搭接尺寸准确,不得扭曲、皱折。

(5)接缝口应用密封材料封严,宽度不应小于 10 mm。

Ⅶ.热熔法施工要点

(1)火焰加热器加热卷材应均匀,不得过分加热或烧穿卷材。

(2)卷材表面热熔后应立即滚铺卷材,卷材下面的空气应排尽,并辊压黏结牢固,不得空鼓。

(3)卷材接缝部位必须溢出热熔的改性沥青胶。

(4)铺贴的卷材应平整顺直,搭接尺寸准确,不得扭曲、皱折。

4.保护层施工

卷材在冷热交替作用下会伸长和收缩,同时在阳光、空气、水分等长期作用下,沥青胶结材料会不断老化,应采用保护层提高防水层寿命。

1)浅色反射涂料保护层

浅色反射涂料目前常用的有铝基沥青悬浊液、丙烯酸浅色涂料中掺入铝料的反射涂料,反射涂料可在现场就地配制。

涂刷浅色反射涂料应等防水层养护完毕后进行，一般卷材防水层应养护 2 d 以上，涂膜防水层应养护 1 周以上。涂刷浅色反射涂料前，应清除防水层表面的浮灰，浮灰用柔软、干净的棉布、扫帚擦扫干净。材料用量应根据材料说明书的规定使用，涂刷工具、操作方法和要求与防水涂料施工相同。涂刷应均匀，避免漏涂。2 遍涂刷时，第 2 遍涂刷的方向应与第 1 遍垂直。

由于浅色反射涂料具有良好的阳光反射性，施工人员在阳光下操作时，应佩戴墨镜，以免强烈的反射光线刺伤眼睛。

2）绿豆砂保护层

绿豆砂保护层主要是在沥青卷材防水屋面中采用。绿豆砂材料价格低廉，对沥青卷材有一定的保护和降低热辐射的作用，因此在非上人沥青卷材屋面中应用广泛。

用绿豆砂做保护层时，应在卷材表面涂刷最后 1 道沥青玛蹄脂时，趁热撒铺 1 层粒径为 3～5 mm 的绿豆砂（或人工砂），绿豆砂应铺撒均匀，全部嵌入沥青玛蹄脂中。绿豆砂应事先经过筛选，颗粒均匀，并用水冲洗干净。使用时应在铁板上预先加热干燥（温度 130～150 ℃），以便与沥青玛蹄脂牢固地结合在一起。

铺绿豆砂时，1 个人涂刷玛蹄脂，1 个人趁热撒砂子，1 个人用扫帚扫平或用刮板刮平。撒时要均匀，扫时要铺平，不能有重叠堆积现象，扫过后马上用软辊轻轻滚压 1 遍，使砂粒一半嵌入玛蹄脂内。滚压时不得用力过猛，以免刺破油毡。铺绿豆砂应沿屋脊方向，顺卷材的接缝全面向前推进。

由于绿豆砂颗粒较小，在大雨时容易被冲刷掉，同时还易堵塞水落口，因此在降雨量较大的地区宜采用粒径为 6～10 mm 的小豆石，效果较好。

3）细砂、云母及蛭石保护层

细砂、云母或蛭石主要用于非上人屋面的涂膜防水层的保护层，使用前应先筛去粉料。

使用细砂作保护层时，应采用天然水成砂，砂粒粒径不得大于涂层厚度的 1/4。使用云母或蛭石时不受此限制，因为这些材料是片状的，质地较软。

当涂刷最后 1 道涂料时，应边涂刷边撒布细砂（或云母、蛭石），同时用软质的胶辊在保护层上反复轻轻滚压，务必使保护层牢固地黏结在涂层上。涂层干燥后，应扫除未黏结材料并堆积起来再次使用。如不清扫，日后雨水冲刷就会堵塞水落口，造成排水不畅。

4）预制板块保护层

预制板块保护层的结合层宜采用砂或水泥砂浆。板块铺砌前应根据排水坡度要求挂线，以满足排水要求，保护层铺砌的块体应横平竖直。

在砂结合层上铺砌块体时，砂结合层应洒水压实，并用刮尺刮平，以满足块体铺设的平整度要求。块体应对接铺砌，缝隙宽度一般为 10 mm 左右。块体铺砌完成后，应适当洒水并轻轻拍平压实，以免产生翘角现象。板缝先用砂填至一半的高度，然后用 1:2 水泥砂浆勾成凹缝。为防止砂子流失，在保护层四周 500 mm 范围内，应改用低强度等级水泥砂浆做结合层。

采用水泥砂浆做结合层时，应先在防水层上做隔离层。预制块体应先浸水湿润并阴干。如板块尺寸较大，可采用铺灰法铺砌，即先在隔离层上将水泥砂浆摊开，然后摆放预制块体；如板块尺寸较小，可将水泥砂浆刮在预制板块的黏结面上再进行摆铺。每块预制块体摆铺完后应立即挤压密实、平整，使块体与结合层之间不留空隙。铺砌工作应在水泥砂浆凝结前完成，块体间预留 10 mm 的缝隙，铺砌 1～2 d 后用 1:2 水泥砂浆勾成凹缝。

为了防止因热胀冷缩而造成板块拱起或板缝开裂过大,块体保护层每 100 m^2 以内应留设分格缝,缝宽 20 mm,缝内嵌填密封材料。

上人屋面的预制块体保护层,块体材料应按照楼地面工程质量要求选用,结合层应选用 1:2 水泥砂浆。

5)水泥砂浆保护层

水泥砂浆保护层与防水层之间也应设置隔离层,隔离层可采用石灰水等薄质低黏结力涂料。保护层用的水泥砂浆配合比一般为水泥:砂 =1:(2.5~3)(体积比)。

保护层施工前,应根据结构情况每隔 4~6 m 用木板条或泡沫条设置纵横分格缝。铺设水泥砂浆时,应随铺随拍实,并用刮尺找平,随即用直径为 8~10 mm 的钢筋或麻绳压出表面分格缝,间距不大于 1 m。终凝前用铁抹子压光保护层。

保护层表面应平整,不能出现抹子抹压的痕迹和凹凸不平的现象,排水坡度应符合设计要求。

为了保证立面水泥砂浆保护层黏结牢固,在立面防水层施工时,预先在防水层表面粘上砂粒或小豆石。若防水层为防水涂料,应在最后 1 道涂料涂刷时,边涂边撒布细砂,同时用软质胶辊轻轻滚压,使砂粒牢固地黏结在涂层上;若防水层为沥青或改性沥青防水卷材,可用喷灯将防水层表面烤热发软后,将细砂或小豆石粘在防水层表面,再用压辊轻轻滚压,使之黏结牢固。对于高分子卷材防水层,可在其表面涂刷 1 层胶黏剂后粘上细砂,并轻轻压实。防水层养护完毕后,即可进行立面保护层的施工。

6)细石混凝土保护层

细石混凝土整浇保护层施工前,也应在防水层上铺设一层隔离层,并按设计要求支设好分格缝木板条或泡沫条;设计无要求时,每格面积不大于 36 m^2,分格缝宽度为 10~20 mm。一个分格内的混凝土应尽可能连续浇筑,不留施工缝。振捣宜采用铁辊滚压或人工拍实,不宜采用机械振捣,以免破坏防水层。振实后随即用刮尺按排水坡度刮平,并在初凝前用木抹子提浆抹平,初凝后及时取出分格缝木模(泡沫条不用取出),终凝前用铁抹子压光。抹平压光时不宜在表面掺加水泥砂浆或干灰,否则表层砂浆易产生裂缝与剥落现象。

若采用配筋细石混凝土保护层,钢筋网片的位置设置在保护层中间偏上部位,在铺设钢筋网片时用砂浆垫块支垫。

细石混凝土保护层浇筑完成后应及时进行养护,养护时间不应少于 7 d。养护完成后,将分格缝清理干净(泡沫条割去上部 10 mm 即可),嵌填密封材料。

此外,还可以利用隔热屋面的架空隔热板作为防水层的保护层,其施工方法和要求参见隔热屋面的有关内容。

5. 卷材防水屋面的质量验收

卷材防水屋面的质量要求主要包括施工质量和耐用年限内不得渗漏。所以材料质量必须符合设计要求,施工后不渗漏、不积水,极易产生渗漏的节点防水设防应严密,列为主控项目;搭接、密封、基层黏结、铺设方向、搭接宽度、保护层、排气屋面的排气通道等项目亦应列为检验项目,见表 14 - 13。

表 14 – 13　卷材防水屋面质量检验

	检验项目	要求	检验方法
主控项目	1. 卷材防水层所用卷材及其配套材料	必须符合设计要求	检查出厂合格证、质量检验报告和现场抽样复验报告
	2. 卷材防水层	不得有渗漏或积水现象	雨后或淋水、蓄水试验
	3. 卷材防水层在天沟、檐沟、泛水、变形缝和水落口等处细部做法	必须符合设计要求	观察检查和检查隐蔽工程验收记录
一般项目	1. 卷材防水层的搭接缝	应粘(焊)结牢固、密封严密,并不得有皱折、翘边和鼓泡	观察检查
	2. 防水层的收头	应与基层黏结并固定牢固、缝口封严,不得翘边	观察检查
	3. 卷材防水层撒布材料和浅色涂料保护层	应铺撒或涂刷均匀,黏结牢固	观察检查
	4. 卷材防水层的水泥砂浆或细石混凝土保护层与卷材防水层间	应设置隔离层	观察检查
	5. 保护层的分格缝留置	应符合设计要求	观察检查
	6. 卷材的铺设方向,卷材的搭接宽度允许偏差	铺设方向应正确,搭接宽度的允许偏差为 – 10 mm	观察和尺量检查
	7. 排气屋面的排气道、排气孔	应纵横贯通,不得堵塞;排气管应安装牢固,位置正确,封闭严密	观察和尺量检查

14.1.2　涂膜防水屋面

涂膜防水屋面是在屋面基层上涂刷防水涂料,经固化后形成一层有一定厚度和弹性的整体涂膜,从而达到防水目的的一种防水屋面形式。涂膜防水屋面的典型构造层次如图14 – 21所示。具体施工有哪些层次,根据设计要求确定。

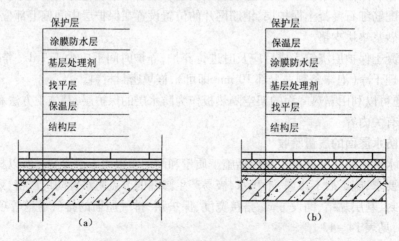

图 14 – 21　涂膜防水屋面典型构造层次
(a)正置式涂膜屋面　(b)倒置式涂膜屋面

1. 材料要求

为满足屋面防水工程的需要,防水涂料及其形成的涂膜防水层应具备以下性能。

（1）一定的固体含量：涂料是靠其中的固体成分形成涂膜的，由于各种防水涂料所含固体的密度相差并不太大，当单位面积用量相同时，涂膜的厚度取决于固体含量的多少，如果固体含量过低，涂膜的质量难以保证。

（2）优良的防水能力：在雨水的侵蚀和干湿交替作用下防水能力下降少。

（3）耐久性好：在阳光、紫外线、臭氧、大气中酸碱介质长期作用下保持长久的防水性能。

（4）温度敏感性低：高温条件下不流淌、不变形；低温状态时能保持足够的延伸率，不发生脆断。

（5）一定的力学性能：具有一定的强度和延伸率，在施工荷载作用下或结构和基层变形时不破坏、不断裂。

（6）施工性好：工艺简单、施工方法简便、易于操作和工程质量控制。

（7）对环境污染少。

2. 常用材料

防水涂料按成膜物质的主要成分可分成沥青基防水涂料、高聚物改性沥青防水涂料和合成高分子防水涂料3种。施工时根据涂料品种和屋面构造形式的需要，可在涂膜防水层中增设胎体增强材料。

1）沥青基防水涂料

沥青基防水涂料是以沥青为基料配制而成的水乳型或溶剂型防水涂料。常见的有石灰乳化沥青涂料、膨润土乳化沥青涂料和石棉乳化沥青涂料。

2）高聚物改性沥青防水涂料

高聚物改性沥青防水涂料是以沥青为基料，用合成高分子聚合物进行改性配制而成的水乳型、溶剂型或热熔型防水涂料。常用的有氯丁橡胶改性沥青涂料、丁基橡胶改性沥青涂料、丁苯橡胶改性沥青涂料、SBS改性沥青涂料和APP改性沥青涂料等。

与沥青基防水涂料相比，高聚物改性沥青防水涂料在柔韧性、抗裂性、强度、耐高低温性能、使用寿命等方面都有较大的改善。

热熔改性沥青涂料是将沥青、改性剂、各类助剂和填料在工厂事先进行合成，制成高聚物改性沥青涂料块体，送至现场后，投入采用液化气加热、导热油传导控温的热熔炉进行熔化，将熔化的热涂料直接刮涂于找平层上，用带齿的刮板可一次成膜设计需要的厚度。它不带溶剂，固体含量100%。热熔改性沥青涂料不但防水性能好、耐老化、价格低，而且在南方多雨地区施工更便利，不需要养护、干燥时间，涂料冷却后就可以成膜，具有设计要求的防水能力。不用担心下雨对涂膜层造成损害，大大加快施工进度。同时，能在气温-10 ℃以内的低温条件下施工，这也大大降低了施工对环境的条件要求。该涂料是一种弹塑性材料，在黏附于基层的同时，可追随基层变形而延展，避免了受基层开裂影响而破坏防水层现象，具有良好的抗变形能力，成膜后形成连续无接缝的防水层，防水质量的可靠性大大提高。

3）合成高分子防水涂料

合成高分子防水涂料是以合成橡胶或合成树脂为主要成膜物质配制而成的水乳型或溶剂型防水涂料。根据成膜机理分为反应固化型、挥发固化型和聚合物水泥防水涂料3类。常用的有丙烯酸防水涂料、聚氨酯防水涂料、硅橡胶防水涂料、聚合物水泥防水涂料等。

由于合成高分子材料本身的优异性能，以此为原料制成的合成高分子防水涂料有较高的强度和延伸率、优良的柔韧性、耐高低温性、耐久性和防水能力。

4)胎体增强材料

胎体增强材料是指在涂膜防水层中增强用的聚酯无纺布、化纤无纺布、玻纤网格布等材料。其质量要求应符合表 14 - 14。

表 14 - 14　胎体增强材料质量要求

项目		质量要求		
		聚酯无纺布	化纤无纺布	玻纤网格布
外观		均匀无团状、平整无折皱		
拉力(宽 50 mm)/N	纵向	≥150	≥45	≥90
	横向	≥100	≥35	≥50
延伸率(%)	纵向	≥10	≥20	≥3
	横向	≥20	≥25	≥3

3. 涂膜防水层施工

1)施工前准备工作

(1)基层检查:涂膜防水层施工前,应检查基层的质量是否符合设计要求,并清扫干净,如出现缺陷应及时加以修补。

(2)材料准备:按施工面积计算防水材料及配套材料的用量,安排分批进场和抽检,不合格的防水材料不得在建筑工程中使用。

(3)施工机具准备:可根据防水涂料的品种准备需要的计量器具、搅拌机具、运输工具、涂布工具等。涂膜防水施工常用的机具见表 14 - 15。

表 14 - 15　涂膜防水施工常用机具及用途

序号	名称	用途	备注
1	棕扫帚	清理基层	不掉毛
2	钢丝刷	清理基层、管道等	
3	磅秤或杆秤	配料、称量	
4	电动搅拌器	搅拌甲、乙料	功率大、转速较低
5	铁桶或塑料桶	装混合料	圆桶
6	开罐刀	开涂料罐	
7	熔化釜	现场熔化热熔型涂料	带导热油
8	棕毛刷、圆辊刷	刷基层处理剂	
9	塑料刮板、胶皮刮板	刮涂涂料	
10	喷涂机械	喷涂基层处理剂、涂料	根据涂料粘度选用
11	剪刀	剪裁胎体增强材料	
12	卷尺	量测、检查	规格为 2 ~ 5 m

(4)技术准备:屋面工程施工前,应进行图纸会审,掌握施工图中的构造要求、节点做法及有关的技术要求,并编制防水施工方案或技术措施。涂料施工前,确定涂刷的遍数和每遍

涂刷的用量,安排合理的施工顺序。对施工班组进行技术交底,内容包括:施工部位、施工顺序、施工工艺、构造层次、节点设防方法、需增强部位及做法、工程质量标准、保证质量的技术措施、成品保护措施和安全注意事项等。

2)涂膜防水层施工一般要求

(1)涂膜防水层施工工艺过程如图14-22所示。

图14-22 涂膜防水层施工工艺过程

(2)涂膜防水层的施工也应按"先高后低,先远后近"的原则进行。遇高低跨屋面时,一般先涂布高跨屋面,后涂布低跨屋面;相同高度屋面,要合理安排施工段,先涂布距上料点远的部位,后涂布近处;同一屋面上,先涂布排水较集中的水落口、天沟、檐沟、檐口等节点部位,再进行大面积涂布。涂料施工一般采用手工抹压、涂刷或喷涂等方法进行。涂膜应根据防水涂料的品种分遍涂布,防水层与基层黏结牢固、表面平整、涂刷均匀,无流淌、皱折、鼓泡、露胎体和翘边等缺陷,上一遍涂层干燥成膜后方可涂下一遍涂料,不可一次涂成,如图14-23所示。

图14-23 手工抹压涂刷、涂刷均匀、表面平整

(3)涂膜防水层施工前,应先对水落口、天沟、檐沟、泛水、伸出屋面管道根部等节点部位进行增强处理,一般涂刷加铺胎体增强材料的涂料进行增强处理。

(4)需铺设胎体增强材料时,如坡度小于15%可平行屋脊铺设;坡度大于15%应垂直屋脊铺设,并由屋面最低标高处开始向上铺设。胎体增强材料长边搭接宽度不得小于50 mm,短边搭接宽度不得小于70 mm。采用二层胎体增强材料时,上下层不得互相垂直铺设,搭接缝应错开,其间距不应小于幅宽的1/3,如图14-24所示。

(5)在涂膜防水屋面上如使用两种或两种以上不同防水材料,应考虑不同材料之间的相容性(即亲合性大小、是否会发生侵蚀),如相容则可使用,否则会造成相互结合困难或互

图 14 - 24　胎体增强材料的铺设

相侵蚀引起防水层短期失效。涂料和卷材同时使用时,卷材和涂膜的接缝应顺水流方向,搭接宽度不得小于 100 mm。

(6)坡屋面防水涂料涂刷时,如不小心踩踏尚未固化的涂层,很容易滑倒,甚至引起坠落事故。因此,在坡屋面涂刷防水涂料时,必须采取安全措施,如系安全带等。

(7)涂膜防水层厚度:沥青基防水涂膜在Ⅲ级防水屋面上单独使用时不得小于 8 mm,在Ⅳ级防水屋面或复合使用时不宜小于 4 mm;高聚物改性沥青防水涂膜不得小于 3 mm,在Ⅲ级防水屋面上复合使用时不宜小于 1.5 mm;合成高分子防水涂膜在Ⅰ、Ⅱ级防水屋面上使用时不得小于 1.5 mm,在Ⅲ级防水屋面上单独使用时不得小于 2 mm,复合使用时不宜小于 1 mm。

(8)在涂膜防水层实干前,不得在其上进行其他施工作业,涂膜防水层上不得直接堆放物品。

4. 质量要求和验收

1)质量要求

(1)涂膜防水屋面不得有渗漏和积水现象。

(2)所用的防水涂料、胎体增强材料,配套进行密封处理的密封材料及复合使用的卷材和其他材料应有产品合格证书和性能检测报告,材料的品种、规格、性能等必须符合现行国家产品标准和设计要求。材料进场后,应按有关规范的规定进行抽样复验,并提出试验报告;不合格的材料,不得在屋面工程中使用。

(3)屋面坡度必须准确,找平层平整度不得超过 5 mm,不得有酥松、起砂、起皮等现象,出现裂缝应做修补。找平层的水泥砂浆配合比、细石混凝土的强度等级及厚度应符合设计要求。基层应平整、干净、干燥。

(4)水落口杯和伸出屋面的管道应与基层固定牢固、密封严密,各节点做法应符合设计要求,附加层设置正确,节点封固严密,不得开缝翘边。

(5)防水层与基层应黏结牢固,不得有裂纹、脱皮、流淌、鼓泡、露胎体和皱皮等现象,厚度应符合设计要求。

2）质量验收

涂膜防水层的质量包括涂膜防水层施工质量和涂膜防水层成品质量,其质量检验应包括原材料、施工过程和成品等几个方面,其中原材料质量、防水层有无渗漏及涂膜防水层的细部做法是保证涂膜防水层工程质量的重点,作为主控项目;涂膜防水层厚度、表观质量和保护层质量对涂膜防水层质量也有较大影响,作为一般项目。涂膜防水层质量检验的项目、要求和检验方法见表 14 – 16。

进入施工现场的防水涂料和胎体增强材料应按表 14 – 16 的规定进行抽样检验,不合格的防水涂料严禁在建筑工程中使用。

表 14 – 16　涂膜防水层质量检验的项目、要求和检验方法

	检验项目	要求	检验方法
主控项目	1.防水涂料和胎体增强材料	必须符合设计要求	检查出厂合格证、质量检验报告和现场抽样复验报告
	2.涂膜防水层	不得有渗漏或积水现象	雨后或淋水、蓄水试验
	3.涂膜防水层在天沟、檐沟、檐口、水落口、泛水、变形缝和伸出屋面管道等处细部做法	必须符合设计要求	观察检查和检查隐蔽工程验收记录
一般项目	1.涂膜防水层的厚度	平均厚度符合设计要求,最小厚度不应小于设计厚度的80%	针测法或取样量测
	2.防水层表观质量	与基层黏结牢固,表面平整,涂刷均匀,无流淌、皱折、鼓泡、露胎体和翘边等缺陷	观察检查
	3.涂膜防水层撒布材料和浅色涂料保护层	应铺撒或涂刷均匀,黏结牢固	观察检查
	4.涂膜防水层的水泥砂浆或细石混凝土保护层与卷材防水层间	应设置隔离层	观察检查
	5.刚性保护层的分格缝留置	应符合设计要求	观察检查

14.1.3　刚性防水屋面

刚性防水屋面是指利用刚性防水材料做防水层的屋面,主要有普通细石混凝土防水屋面、补偿收缩混凝土防水屋面、纤维混凝土防水屋面、预应力混凝土防水屋面等,尤以前两者应用最为广泛。

与前述的卷材及涂膜防水屋面相比,刚性防水屋面所用材料易得、价格便宜、耐久性好、维修方便,但刚性防水层材料的表观密度大、抗拉强度低、极限拉应变小,易受混凝土或砂浆的干湿变形、温度变形和结构变形的影响而产生裂缝。因此,刚性防水屋面主要适用于防水等级为Ⅲ级的屋面防水,也可用作Ⅰ、Ⅱ级屋面多道防水设防中的一道防水层;不适用于设有松散保温层的屋面、大跨度和轻型屋盖的屋面以及受振动或冲击的建筑屋面。而且刚性防水层的节点部位应与柔性材料复合使用,才能保证防水的可靠性。

刚性防水屋面的一般构造形式如图 14-25 所示。

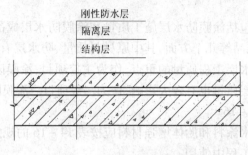

图 14-25　刚性防水屋面构造示意图

1. 材料要求

1) 水泥和骨料

水泥:宜采用普通硅酸盐水泥或硅酸盐水泥;当采用矿渣硅酸盐水泥时,应采取减少泌水性的措施;水泥的强度等级不低于 32.5 MPa,不得使用火山灰质硅酸盐水泥。水泥应有出厂合格证,质量标准应符合国家标准的要求。

砂(细骨料):应符合《普通混凝土用砂、石质量及检验方法标准》(JGJ 52—2006)的规定,宜采用中砂或粗砂,含泥量不大于 2%,否则应冲洗干净。如用特细砂、山砂时,应符合《特细砂混凝土配制及应用技术规程》的规定。

石(粗骨料):应符合《普通混凝土用碎石或卵石质量标准及检验方法》的规定,宜采用质地坚硬、最大粒径不超过 15 mm、级配良好、含泥量不超过 1% 的碎石或砾石,否则应冲洗干净。

水:水中不得含有影响水泥正常凝结硬化的糖类、油类及有机物等有害物质,硫酸盐及硫化物较多的水不能使用,水的 pH 值不得小于 4。一般自来水和饮用水均可使用。

混凝土及砂浆:混凝土水灰比不应大于 0.55;每立方米混凝土水泥最小用量不应小于 330 kg;含砂率宜为 35% ~40%;灰砂比应为 1:2 ~1:2.5,混凝土强度等级不应低于 C20,并宜掺入外加剂;普通细石混凝土、补偿收缩混凝土的自由膨胀率应为 0.05% ~0.1%。

2) 外加剂

刚性防水层中使用的膨胀剂、减水剂、防水剂、引气剂等外加剂应根据不同品种的适用范围、技术要求来选择。常用的外加剂品种、性能及掺量范围参见表 14-17 至表 14-20。

表 14-17　常见膨胀剂主要品种

名称	掺量	主要成分
明矾石膨胀剂	15% ~20%	天然明矾石、无水石膏或二水石膏
CSA 膨胀剂	8% ~10%	无水铝酸钙、无水石膏、游离石灰、$\beta - C_2S$
U 型膨胀剂	10% ~14%	C_4A_3S、明矾石、石膏
石灰膨胀剂	3% ~5%	生石灰
FS 膨胀剂	6% ~10%	
TEA 膨胀剂	8% ~12%	膨润土

表 14-18 常用防水剂主要品种

名称		一般掺量	主要性能、用途
氯化物金属盐类防水剂		2.5%～5%（占水泥重,下同）	提高密实性,堵塞毛细孔,切断渗水通道,降低泌水率,具有早强增强作用,用于防水混凝土
金属皂类防水剂	水溶性	混凝土:0.5%～2% 砂浆:1.5%～5%	形成憎水吸附层,生成不溶于水的硬脂酸皂填充孔隙,防水抗渗,可溶性金属皂类有引气和缓凝作用,用于防水、防潮工程
	油溶性	5%	
无机铝盐防水剂		3%～5%	产生促进水泥构件密实的复盐,填充混凝土和水泥砂浆在水化过程中形成的孔隙及毛细通道
有机硅防水剂		混凝土:0.05%～0.2% 砂浆:0.02%～0.2%	形成防水膜包围材料颗粒表面,具有憎水、防潮、抗渗、抗风化、耐污染性能,可用于防水砂浆、防水混凝土以及建筑物外立面的防水处理

表 14-19 常见引气剂主要品种

名称	一般掺量	主要性能、用途
PC-2 引气剂	0.6‰（占水泥重,下同）	具有引气、减水作用,适用于有防冻、防渗要求的混凝土工程,含气量3%～8%,强度降低
CON-A 引气减水剂	0.5‰～1.0‰	具有引气、减水、增强作用,适用于有防冻、防渗、耐碱要求的混凝土工程,含气量8%
烷基苯磺酸钠 引气剂	0.5‰～1.0‰	改善混凝土和易性,提高抗冻性,适用于有抗冻、抗渗要求的混凝土工程,含气量3.7%～4.4%
OP 乳化剂	5.0‰～6.0‰	改善混凝土和易性,提高抗冻性,适用于有防水要求的混凝土工程,含气量4%,减水7%
烷基苯磺酸钠 （AS）	0.8‰～1.0‰	具有引气作用,适用于有防冻、防渗要求的水工混凝土工程,含气量4%左右

表 14-20 常见减水剂主要品种

名称		一般掺量	主要性能、用途
木质素磺酸盐减水剂 （M 型减水剂）		0.2%～0.3%（占水泥重,下同）	普通减水剂,有增塑及引气作用,缓凝作用,推迟水化热峰出现,减水10%～15%或增加强度10%～20%;适用于一般防水混凝土,尤其是大体积混凝土和夏季施工;缺点是混凝土强度发展慢
萘减水剂	NNO	0.5%～1.0%	高效减水剂,显著改善和易性,提高抗渗性,减水12%～25%,提高强度15%～30%,MF、JN 有引气作用,抗冻性、抗渗性较NNO 好;适用于防水混凝土工程,尤其适用于冬季气温低时施工;缺点是MF 引气气泡较大,需高频振动排气
	MF	0.2%～1.0%	
	JN	0.3%～1.0%	
	FDN	0.2%～1.0%	
	UNF	0.3%～1.0%	
树脂系减水剂 （SM 减水剂）		0.5%～1.5%	高效减水剂,显著改善和易性,提高密实度,早强、非引气作用,减水20%～30%,增加强度30%～60%;适用于防水混凝土,尤其是要求早强高强混凝土

2. 细石混凝土防水层施工

(1)屋面结构层为装配式钢筋混凝土屋面板时,应用细石混凝土嵌缝,其强度等级应不低于 C20;灌缝的细石混凝土宜掺膨胀剂;当屋面板缝宽度大于 40 mm 或上窄下宽时,板缝内应设置构造钢筋;灌缝高度与板面平齐;板端应用密封材料嵌缝密封处理。

(2)由室内伸出屋面的水管、通风管等必须在防水层施工前安装,并在周围留凹槽以便嵌填密封材料。

(3)刚性防水层的混凝土、砂浆配合比应按设计要求,由试验室通过试验确定。尤其是掺有各种外加剂的刚性防水层,其外加剂的掺量要严格试验,获得最佳掺量范围。

(4)按工程量的需要,宜一次备足水泥、砂、石等需要量,保证混凝土连续一次浇捣完成。原材料进场应按规定要求对材料进行抽样复验,合格后才能使用。

(5)施工前应准备好施工机具,并检查是否完好。

(6)檐口挑出支模及分格缝模板应按要求制作并刷隔离剂。

3. 隔离层施工

刚性防水层和结构层之间应脱离,即在结构层与刚性防水层之间增加一层低强度等级砂浆、卷材、塑料薄膜等材料,起隔离作用,使结构层和刚性防水层变形互不约束,以减少因结构变形使防水混凝土产生的拉应力,并减少刚性防水层的开裂。

1)黏土砂浆隔离层施工

预制板缝填嵌细石混凝土后,板面应清扫干净、洒水湿润,但不得积水,将石灰膏、砂、黏土按 1:2.4:3.6 的配合比拌和均匀,砂浆以干稠为宜,铺抹的厚度为 10~20 mm,要求表面平整、压实、抹光,待砂浆基本干燥后,方可进行下道工序施工。

2)石灰砂浆隔离层施工

施工方法同上。砂浆配合比为石灰膏:砂 = 1:4。

3)水泥砂浆找平层铺卷材隔离层施工

用 1:3 水泥砂浆将结构层找平,并压实、抹光、养护,再在干燥的找平层上铺一层 3~8 mm 厚干细砂滑动层,在其上铺一层卷材,搭接缝用热沥青玛蹄脂盖缝,也可以在找平层上直接铺一层塑料薄膜。因为隔离层材料强度低,在隔离层继续施工时,要注意对隔离层加强保护,混凝土运输不能直接在隔离层表面进行,应采取垫板等措施,绑扎钢筋时不得扎破表面,浇捣混凝土时更不能振酥隔离层。

4. 分格缝留置

分格缝留置是为了减少因温差以及混凝土干缩、徐变、荷载和振动、地基沉陷等变形造成刚性防水层开裂,分格缝部位应按设计要求设置。如设计无明确规定时,可按下述原则设置分格缝。

(1)分格缝应设置在结构层屋面板的支承端、屋面转折处(如屋脊)、防水层与突出屋面结构的交接处,并应与板缝对齐。

(2)纵横分格缝间距一般不大于 6 m,或"一间一分格",分格面积以不超过 36 m² 为宜。

(3)现浇板与预制板交接处,按结构要求留有伸缩缝、变形缝的部位。

(4)分格缝宽宜为 10~20 mm。

(5)分格缝可采用木板,在混凝土浇筑前支设,混凝土浇筑完毕,收水初凝后取出分格缝模板;或采用聚苯乙烯泡沫板支设,待混凝土养护完成、嵌填密封材料前按设计要求的高度用电烙铁熔去表面的泡沫板。

5. 钢筋网片施工

(1)钢筋网配置应按设计要求,一般设置直径为 4~6 mm、间距为 100~200 mm 双向钢筋网片。网片采用绑扎和焊接均可,其位置以居中偏上为宜,保护层不小于 10 mm。

(2)钢筋要调直,不得有弯曲、锈蚀、油污。

(3)分格缝处钢筋网片要断开。为保证钢筋网片位置留置准确,可采用先在隔离层上满铺钢丝绑扎成型后,再按分格缝位置剪断的方法施工。

6. 细石混凝土防水层施工

(1)浇捣混凝土前,应将隔离层表面浮渣、杂物清除干净;检查隔离层质量及平整度、排水坡度和完整性;支好分格缝模板,标出混凝土浇捣厚度,厚度不宜小于 40 mm。

(2)材料及混凝土质量要严格保证,经常检查是否按配合比准确计量,每工作班进行不少于两次的坍落度检查,并按规定制作检验的试块;加入外加剂时,应准确计量,投料顺序得当,搅拌均匀。

(3)混凝土搅拌应采用机械搅拌,搅拌时间不少于 2 min,混凝土运输过程中应防止漏浆和离析。

(4)采用掺加抗裂纤维的细石混凝土时,应先加入纤维干拌均匀后再加水,干拌时间不少于 2 min。

(5)混凝土的浇捣按"先远后近、先高后低"的原则进行。

(6)一个分格缝范围内的混凝土必须一次浇捣完成,不得留施工缝。

(7)混凝土宜采用小型机械振捣,如无振捣器,可先用木棍等插捣,再用小辊(30～40 kg,长 600 mm 左右)来回滚压,边插捣边滚压,直至密实和表面泛浆,泛浆后用铁抹子压实抹平,并要确保防水层的设计厚度和排水坡度。

(8)铺设、振动、滚压混凝土时必须严格保证钢筋间距及位置的准确。

(9)混凝土收水初凝后,及时取出分格缝隔板,用铁抹子第二次压实抹光,并及时修补分格缝的缺损部分,做到平直整齐;待混凝土终凝前进行第三次压实抹光,要求做到表面平光、不起砂、不起皮、无抹板痕迹为止,抹压时不得洒干水泥或干水泥砂浆。

(10)待混凝土终凝后,必须立即进行养护,应优先采用表面喷洒养护剂养护,也可用蓄水养护或稻草、麦草、锯末、草袋等覆盖后浇水养护,养护时间不少于 14 d,养护期间保证覆盖材料的湿润,并禁止闲人上屋面踩踏或在上继续施工。

7. 质量要求和验收

1)质量要求

(1)刚性防水屋面不得有渗漏和积水现象。

(2)所用的混凝土、砂浆原材料,各种外加剂及配套使用的卷材、涂料、密封材料等必须符合质量标准和设计要求,进场材料应按规定检验合格。

(3)穿过屋面的管道等与屋面交接处,周围要用柔性材料增强密封,不得渗漏;各节点做法应符合设计要求。

(4)混凝土、砂浆的强度等级、厚度及补偿收缩混凝土的自由膨胀率应符合设计要求。

(5)屋面坡度应准确,排水系统应通畅;刚性防水层厚度符合要求,表面平整度不超过 5 mm,不得起砂、起壳和有裂缝;防水层内钢筋位置应准确;分格缝应平直,位置应正确;密封材料应嵌填密实,盖缝卷材应粘贴牢固,无脱开现象。

(6)在施工过程中要做好以下隐蔽工程的检查和记录:

①屋面板细石混凝土灌缝是否密实,上口与板面是否齐平;

②预埋件是否遗漏,位置是否正确;

③钢筋位置是否正确,分格缝处是否断开;

④混凝土和砂浆的配合比是否正确,外加剂掺量是否正确;

⑤混凝土防水层厚度最薄处不小于 40 mm;

⑥分格缝位置是否正确,嵌缝是否可靠;

⑦混凝土和砂浆养护是否充分,方法是否正确。

2)质量验收

细石混凝土刚性防水层的质量关键在于混凝土的本身质量、混凝土的密实性和施工时的细部处理。因此,将混凝土材料质量、配合比定为主控项目,对节点处理和施工质量采取试水法来检查,同时对防水首要功能即不渗漏亦作为主控项目;混凝土的表面处理、厚度、配筋,分格缝和平整度均列为一般质量检查项目来控制整体防水层的质量,见表 14 - 21。

表 14 - 21　细石混凝土刚性防水层质量检验的项目、要求和检验方法

	检验项目	要求	检验方法
主控项目	1. 细石混凝土的原材料	必须符合设计要求	检查出厂合格证、质量检验和现场抽样复验报告
	2. 细石混凝土的配合比和抗压强度	必须符合设计要求	检查配合比和试块试验报告
	3. 细石混凝土防水层	不得有渗漏或积水现象	雨后或淋水检验
	4. 细石混凝土防水层在天沟、檐沟、檐口、水落口、泛水、变形缝和伸出屋面管道的防水构造	必须符合设计要求	观察检查和检查隐蔽工程验收记录
一般项目	1. 细石混凝土防水层表面	应密实、平整、光滑,不得有裂缝、起壳、起皮、起砂	观察检查
	2. 细石混凝土防水层厚度和钢筋位置	必须符合设计要求	观察和尺量检查
	3. 细石混凝土防水层分格缝的位置和间距	必须符合设计要求	观察和尺量检查
	4. 细石混凝土防水层表面平整度	允许偏差为 5 mm	用 2 m 靠尺和楔形塞尺检查

14.2　地下防水工程

地下防水工程是指对工业与民用建筑地下工程、防护工程、隧道及地下铁道等建(构)筑物,进行防水设计、防水施工和维护管理等各项技术工作的工程实体。由于地下工程常年受到潮湿和地下水的影响,所以对地下工程防水的处理比屋面工程要求更高、更严,防水技术难度更大,因此要确保良好防水效果,满足使用要求。在进行地下工程防水设计时,应遵循"防排结合,刚柔并用,多道防水,综合治理"的原则,并根据建筑物的使用功能及使用要求,结合地下工程的防水等级,选择合理的防水方案。

现行规范规定地下工程防水等级及其适用范围见表 14 - 22。

表 14 – 22　地下工程防水等级及其适用范围

防水等级	标准	适用范围
一级	不允许渗水,结构表面无湿渍	人员长期停留的场所;因有少量湿渍会使物品变质、失效的贮物场所及严重影响设备正常运转和危及工程安全运营的部位;极重要的战备工程
二级	不允许漏水,结构表面可有少量湿渍 工业与民用建筑:总湿渍面积不应大于总防水面积(包括顶板、墙面、地面)的 1/1 000;任意 100 m² 防水面积上的湿渍不超过 1 处,单个湿渍的最大面积不大于 0.1 m² 其他地下工程:总湿渍面积不应大于总防水面积的 6/1 000;任意 100 m² 防水面积上的湿渍不超过 4 处,单个湿渍的最大面积不大于 0.2 m²	人员经常活动的场所;在有少量湿渍的情况下不会使物品变质、失效的贮物场所及基本不影响设备正常运转和工程安全运营的部位;重要的战备工程
三级	有少量漏水点,不得有线流和漏泥砂,任意 100 m² 防水面积上的漏水点不超过 7 处,单个漏水点的最大漏水量不大于 2.5 L/d,单个湿渍的最大面积不大于 0.3 m²	人员临时活动的场所;一般战备工程
四级	有漏水点,不得有线流和漏泥砂,整个工程平均漏水量不大于 2 L/(m²·d),任意 100 m² 防水面积的平均漏水量不大于 4 L/(m²·d)	对渗漏水无严格要求的工程

14.2.1　防水混凝土

防水混凝土是在普通混凝土的基础上,通过调整配合比、掺外加剂或掺混合料等方法配制而成的具有一定防水能力的特殊混凝土。防水混凝土具有取材容易、施工简便、工期较短、耐久性好、工程造价低等优点,因此在地下工程中得到了广泛应用。

1. 防水混凝土的分类

目前常用的防水混凝土主要有普通防水混凝土、外加剂或掺合料防水混凝土和膨胀水泥防水混凝土。

1)普通防水混凝土

普通防水混凝土以调整配合比的方法,提高混凝土自身的密实性和抗渗性。

2)外加剂或掺合料防水混凝土

外加剂防水混凝土是在混凝土拌和物中加入少量改善混凝土抗渗性的有机或无机物,如减水剂、防水剂、引气剂等外加剂;掺合料防水混凝土是在混凝土拌和物中加入少量硅粉、磨细矿渣粉、粉煤灰等无机粉料,以增加混凝土密实性和抗渗性。防水混凝土中的外加剂和掺合料均可单掺,也可复合掺。

3)膨胀水泥防水混凝土

膨胀水泥防水混凝土利用膨胀水泥在水化硬化过程中形成大量体积增大的结晶(如钙矾石),以改善混凝土的孔结构,提高混凝土抗渗性。同时,膨胀后产生的自应力使混凝土处于受压状态,提高混凝土的抗裂性。

2. 防水混凝土的材料及配制

1)防水混凝土所用的材料要求

水泥品种应按设计要求选用,其强度等级不应低于 32.5 级,不得使用过期或受潮结块水泥;碎石或卵石的粒径宜为 5~40 mm,含泥量不得大于 1.0%,泥块含量不得大于 0.5%;砂宜用中砂,含泥量不得大于 3.0%,泥块含量不得大于 1.0%;外加剂的技术性能应符合国家或行业标准一等品及以上的质量要求;粉煤灰的级别不应低于二级,掺量不宜大于 20%;硅粉掺量不应大于 3%,其他掺合料的掺量应通过试验确定。

2)防水混凝土配制

防水混凝土与普通混凝土配制原则不同,普通混凝土是根据所需强度要求进行配制,而防水混凝土则是根据工程设计所需抗渗等级要求进行配制。通过调整配合比,使水泥砂浆除满足填充和黏结石子骨架作用外,还在粗骨料周围形成一定数量良好的砂浆包裹层,从而提高混凝土抗渗性。作为防水混凝土,首先必须满足设计的抗渗等级要求,同时适应强度要求。一般能满足抗渗要求的混凝土,其强度往往会超过设计要求。

Ⅰ. 抗渗等级

防水混凝土的抗渗性用抗渗等级(P)来表示,按埋置深度确定(表 14-23),但最低不得小于 P6(抗渗压力 0.6 MPa)。

表 14-23　防水混凝土设计抗渗等级

工程埋置深度/单位	<10	10~20	20~30	30~40
设计抗渗等级	P6	P8	P10	P12

抗渗等级是以 28 d 龄期的标准试件,按标准试验方法进行试验时所能承受的最大水压力来确定的。根据混凝土试件在抗渗试验时所能承受的最大水压力,混凝土的抗渗等级划分为 P4、P6、P8、P10、P12 等五个等级,相应表示混凝土抗渗试验时一组 6 个试件中 4 个试件未出现渗水时不同的最大水压力。

Ⅱ. 防水混凝土的配合比

试配要求的抗渗水压值应比设计值提高 0.2 MPa;水泥用量不得少于 300 kg/m³;掺有活性掺合料时,水泥用量不得少于 280 kg/m³;含砂率宜为 35%~45%,灰砂比宜为 1:2~1:2.5;水灰比不得大于 0.55;普通防水混凝土坍落度不宜大于 50 mm,泵送时人泵坍落度宜为 100~140 mm。

3. 防水混凝土的施工

1)施工准备

熟悉施工图纸,进行图纸会审,充分了解和掌握防水设计要求,编制先进合理的施工方案,落实技术岗位责任制,做好技术交底以及执行"三检"(自检、交接检、专职检)等准备工作。确立相应资质的专业防水施工队伍,核查主要施工人员的有效执业资格证书。核查工程所选防水材料的出厂合格证书和性能检测报告,是否符合设计要求及国家规定的相应标准。对进场防水材料应进行抽样复验、提出试验报告,不合格的防水材料严禁用于工程。合格的进场材料应按品种、规格妥善放置,并有专人保管。工程施工所用工具、机械、设备应配备齐全,并经过检修试验后备用。做好防水混凝土的配合比试配工作,各项技术参数应符合现行规范要求,并应按设计抗渗等级提高 0.2 MPa 选定施工配合比。采取措施防止地面水流入基坑。做好基坑的降排水工作,要稳定保持地下水位在基底最低标高 0.5 m 以下,直至施工完毕。做好施工现场消防、环保、文明工地等准备工作。

2)模板工程

模板应平整,且拼缝严密不漏浆,并应有足够的刚度、强度且吸水性要小,以钢模、木模、木(竹)胶合板模为宜。模板构造应牢固稳定,可承受混凝土拌和物的侧压力和施工荷载,且应装拆方便。结构内的钢筋或绑扎钢丝不得接触模板。固定模板用的螺栓必须穿过混凝土结构时,可采用工具式螺栓、螺栓加堵头、螺栓加焊方形止水环、预埋套管加焊止水环等做法。止水环尺寸及环数应符合设计规定。如设计无规定,则止水环应为 100 mm×100 mm 的方形止水环,且至少有一环。

采用对拉螺栓固定模板时的方法如下。

Ⅰ.工具式螺栓做法

用工具式螺栓将防水螺栓固定并拉紧,以压紧固定模板。拆模时,将工具式螺栓取下,再以嵌缝材料及聚合物水泥砂浆将螺栓凹槽封堵严密,如图 14 – 26 所示。

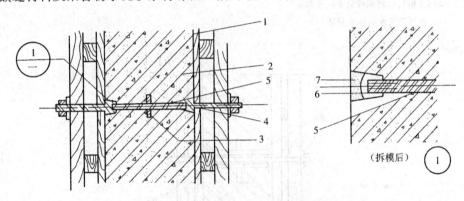

图 14 – 26 工具式螺栓的防水做法示意图
1—模板;2—结构混凝土;3—止水环;4—工具式螺栓;
5—固定模板用螺栓;6—嵌缝材料;7—聚合物水泥砂浆

Ⅱ.螺栓加堵头做法

在结构两边螺栓周围做凹槽,拆模后将螺栓沿平凹底割去,再用膨胀水泥砂浆将凹槽封堵,如图 14 – 27 所示。

Ⅲ.螺栓加焊止水环做法

在对拉螺栓中部加焊止水环,止水环与螺栓必须满焊严密,拆模后应沿混凝土结构边缘将螺栓割断,此法将消耗所用螺栓,如图 14 – 28 所示。

Ⅳ.预埋套管加焊止水环做法

套管采用钢管,其长度等于墙厚(或其长度加上两端垫木的厚度之和等于墙厚),兼具撑头作用,以保持模板之间的设计尺寸。止水环在套管上满焊严密。支模时在预埋套管中穿入对拉螺栓拉紧固定模板。拆模后将螺栓抽出,套管内以膨胀水泥砂浆封堵密实。套管两端有垫木的,拆模时连同垫木一并拆除,除密实封堵套管外,还应将两端垫木留下的凹坑用同样方法封实,此法可用于抗渗要求一般的结构,如图 14 – 29 所示。

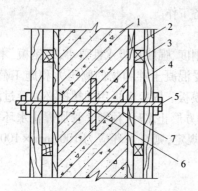

图 14 – 27　螺栓加堵头做法示意图
1—围护结构;2—模板;3—小龙骨;
4—大龙骨;5—螺栓;6—止水环;
7—堵头(拆模后将螺栓沿平凹底割去,
再用膨胀水泥砂浆封堵)

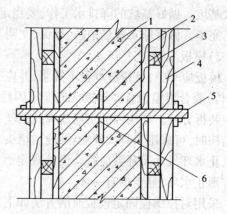

图 14 – 28　螺栓加焊止水环做法示意图
1—围护结构;2—模板;3—小龙骨;
4—大龙骨;5—螺栓;6—止水环

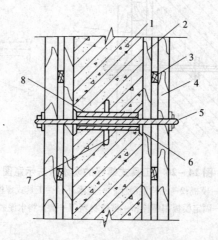

图 14 – 29　预埋套管加焊止水杯做法示意图
1—防水结构;2—模板;3—小龙骨;4—大龙骨;5—螺栓;7—止水环;8—预埋套管
6—垫木(与模板一并拆除后,连同套管一起用膨胀水泥砂浆封堵)

4. 特殊部位的构造做法

1) 穿墙管

给排水管、电缆管和供暖管道穿过地下室外墙,应做好防水处理。地下室内墙上或地板上,埋置铁件用来固定、安装设备。因埋入混凝土中,常发生沿埋件渗水现象。

穿墙管埋设方式有两种:一种是直埋(图 14 – 30),一种是加套管(图 14 – 31)。无论采用何种方式,必须与墙外防水层相结合,严密封堵,不能与外墙防水层离开。为了保证防水施工和管道的安装方便,穿墙管位置应离开内墙角或凸出部位 25 cm。如果几根穿墙管并列,管与管的间距应大于 30 cm。数根穿墙管集中时,应设穿墙盒,做法如图 14 – 32 所示。

穿墙管的墙外部分和墙内部分容易被触动,防水措施受冲撞导致漏水,所以墙外回填土时不得冲压或夯撞,应有保护措施,还应考虑建筑下沉时,不要因沉降而使管道受力弯曲。直埋式穿墙管,施工方便,易做防水,但要考虑墙厚和管径,如果管径小于 50 mm,可以直埋,

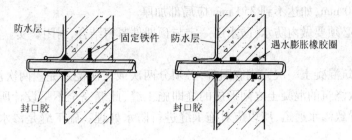

图 14-30　穿墙管直埋

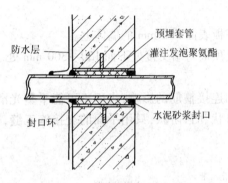

图 14-31　穿墙管加套管埋设

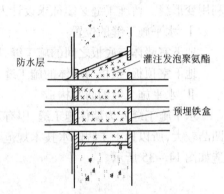

图 14-32　设穿墙盒的埋设方式

若大于 50 mm,应做套管。套管上的止水环或直埋管上的止水环,实际是对管子起固定作用,使其牢固地嵌含在混凝土内,不因外力撞碰穿墙管而扰动。所以,止水环对于止水功能很小,使用环形钢筋或管周边焊接放射筋,其功能与止水环相同。套管两端的翼环应与套管焊接严密,还需做防腐处理。使用遇水膨胀橡胶圈,管径宜小于 50 mm,橡胶圈应用胶黏剂满粘固定在管子上,并涂缓胀剂。

穿管盒的埋设和施工较为复杂,应注意以下几点:预留洞四周边埋角钢框;封口钢板打孔穿管,穿管与封口钢板焊接要严密;封口钢板与边框角钢焊接要严密;穿墙盒内填充松散物质,如发泡聚氨酯或沥青玛蹄脂等,亦有防水功能。

2)预埋件

地下室内墙壁或底板上预埋件(图 14-33 和图 14-34)用吊挂或专用工具固定,预埋件往往与结构钢筋接触,导致水沿预埋件渗入室内,因此预留洞、槽均应做防水处理。

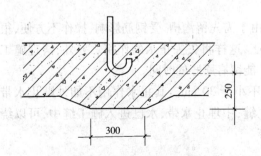

图 14-33　地下室底板上预埋螺栓

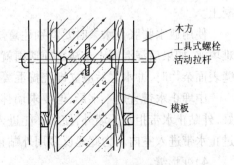

图 14-34　地下室墙体采用工具式螺栓

预埋件受外力作用较大,为防止扰动周围混凝土而破坏防水层,预埋件端至墙外表面厚度不得小于 250 mm,如达不到 250 mm 应局部加厚。

特殊工程必须要做内防水,防水层一定与预埋件紧密结合,封闭严实。

3)施工缝

大面积浇筑混凝土一次完成有困难,必须分两次或三次浇筑完。两次浇筑相隔几天或数天,前后两次浇筑的混凝土之间形成的缝即施工缝,此缝完全不是设计所需要的,由于混凝土的收缩,导致渗水通道,所以应对施工缝进行防水处理。施工缝是渗水的隐患,应尽量减少。

施工缝分为水平施工缝和垂直施工缝两种。工程中多用水平施工缝,垂直施工缝尽量利用变形缝。留施工缝必须征求设计人员的同意,留在弯矩最小、剪力也最小的位置。

Ⅰ.水平施工缝的位置

地下室墙体与底板之间的施工缝,留在高出底板表面 300 mm 的墙体上。

地下室顶板、拱板与墙体的施工缝,留在拱板、顶板与墙交接处下面 150~300 mm 处。

Ⅱ.水平施工缝的防水构造

水平施工缝皆为墙体施工缝,因有双排立筋和连接箍筋的影响,表面不可能平整光滑,凹凸较大,所以地下工程防水技术规范不推荐企口状和台阶状,只用平面的交接施工缝,构造如图 14-35 所示。

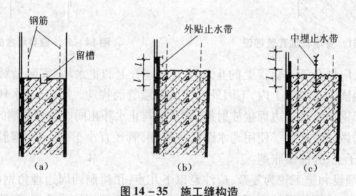

图 14-35　施工缝构造
(a)施工缝中设置遇水膨胀止水条　(b)外贴止水带　(c)中埋止水带

施工缝后浇混凝土之前,清理前期混凝土表面是非常重要的,因两次浇捣相差时间较长,在表面存留很多杂物和尘土细砂,清理不干净就成为隔离层,成为渗水通道。清理时必须用水冲洗干净,再铺 30~50 mm 厚的 1:1 水泥砂浆或者刷涂界面剂,然后及时浇筑混凝土。

使用遇水膨胀止水条时要特别注意防水,由于需先留沟槽,受钢筋影响,操作不方便,很难填实,如果后浇混凝土未浇之前遇雨就会膨胀,这样将失去止水的作用。另外,清理施工缝表面杂物时,冲水之后应立即浇捣混凝土,不能留有膨胀的时间。

中埋止水带宜用一字形,但要求墙体厚度不小于 30 cm。其止水作用不如外贴止水带好,外贴止水带拒水于墙外,使水不能进入施工缝;中埋止水带,水已进入施工缝中,可以绕过止水带进入室内。为此建议多用外贴止水带。

4)变形缝

两栋建筑毗连并未连成一体,相距 50~200 mm 的缝,俗称变形缝。地下室的变形缝又叫沉降缝,地上建筑的变形缝又叫温度缝、伸缩缝。出现变形缝的原因有:防止建筑物沉降不均匀,使建筑断裂,故预先留缝,沉降时各自独立运动,建筑免于破坏;两栋建筑施工时间不同时,相距数月乃至几年,然而内部的使用要求必须沟通。但尽量少设变形缝,应采用诱导缝后浇带、加强带来代替。

变形缝的构造比较复杂,施工难度较大,地下室发生渗漏常常在此部位,修补堵漏也很困难。变形缝两侧由于建筑沉降不等,产生沉降差,因沉降差导致止水带拉伸变形、防水层拉裂、嵌缝材料揭开等现象多有发生。建议沉降差不要超过 30 cm。

变形缝的宽度由结构设计决定,建筑越高,变形缝越宽,一般宽为 100 mm 左右,变形缝处的混凝土厚度不小于 300 mm。

变形缝形式多种多样,做法各异,分述如下。

(1)底板变形缝宽 50 mm,防水层变形缝不断开,变形缝左右无墙。如左侧防水层已做好,然后在变形缝中放置聚氯乙烯泡沫棒(直径 20 mm),卷材过棒材绕几弯,两侧建筑出现沉降差时,∏弯可伸长,防止拉断。中埋止水带两侧预贴聚苯乙烯泡沫板,其厚度同变形缝宽,泡沫板兼做模板。

(2)底板变形缝两侧有墙,俨然是两栋建筑,各自墙面均做外防水,变形缝很窄。变形缝中夹一块聚苯乙烯泡沫板,当缝两侧建筑产生沉降差时,聚苯乙烯泡沫板成为润滑层,以免造成墙面防水层的摩擦。垂直变形缝下方应附加一条卷材,这条卷材并非防水,而是用来作"阵前"牺牲品的,当沉降差产生,混凝土垫层断裂,附加层则首当其冲,从而保护了建筑防水层。

(3)变形缝有两侧墙,底板防水层不断开,变形缝设中埋止水带,因侧墙有竖向钢筋,底板出墙趾埋止水带。变形缝上方砌筑模板墙,一侧抹灰找平,以待浇筑混凝土墙。

(4)变形缝两侧有墙,底板防水层相连,变形缝中不设中埋止水带,设外贴止水带,变形缝宽为 30 ~ 40 mm,缝中夹填聚苯乙烯泡沫板,作为软性隔离。底板下防水层不做∏弯,但其下增设附加层卷材,宽 300 mm,并与大面积卷材或涂料防水层黏合。

(5)变形缝两侧有墙,缝宽 50 ~ 100 mm,防水层越缝不断开,缝中设 U 形止水带,两侧墙之间贴聚苯乙烯泡沫板,作为填充、隔离和模板之用。

5)止水带

止水带是地下工程沉降缝必用的防水配件,其功能如下:

(1)可以阻止大部分地下水沿沉降缝进入室内;

(2)当缝两侧建筑沉降不一致时,止水带可以变形,继续起阻水作用;

(3)一旦发生沉降缝中渗水,止水带可以成为衬托,便于堵漏修补。

按制作材料不同,止水带有橡胶止水带、塑料止水带、铜板止水带和橡胶加钢边止水带等,目前我国多用橡胶止水带。止水带形状有多种,如图 14 - 36 所示。埋置止水带的形式如图 14 - 37 所示。

6)后浇带

一栋建筑物长度很大,本应在中间部位设沉降缝,但因使用功能要求不宜分开,故设后浇带取代沉降缝。后浇带顾名思义是底板留出一条宽缝,若干天后再行浇捣混凝土,填实补平。

混凝土底板未达到龄期之前,产生大量水化热,引起收缩,如果底板较长,在收缩过程中会发生中间部位断裂。所以预先在底板中间部位留出 700 ~ 1 000 mm 宽的缝。40 d 左右后浇带两侧的混凝土达到龄期,停止收缩后,再做后浇带。两条后浇带相距一般为 30 ~ 60 m。

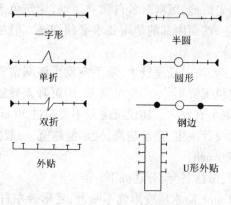

图 14-36　止水带

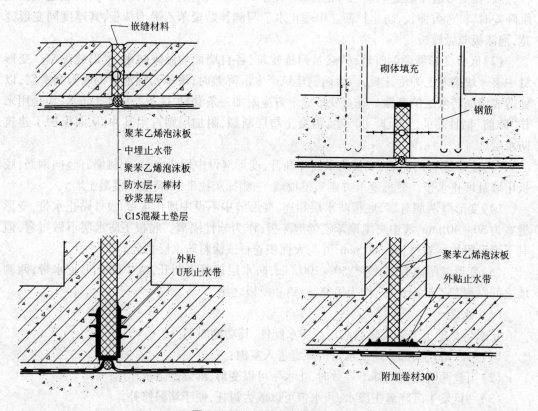

图 14-37　埋置止水带的形式

后浇带处底板钢筋不断开,特殊工程也可以断开,但两侧钢筋伸出,搭接长度应不小于主筋直径的 45 倍,还应设附加钢筋。

后浇带处的防水层不得断开,必须是一个整体,并采取设附加层和外贴止水带措施,如图 14-38 所示。

后浇带宽度宜窄不宜宽,最好不大于 700 mm,以防浇捣混凝土之前,地下水向上压力过大将防水层破坏。

后浇带两侧底板(建筑)产生沉降差,后浇带下方防水层受拉伸或撕裂,因此局部加厚垫层,并附加钢筋,沉降差可以使垫层产生斜坡而不会断裂,如图 14-39 所示。

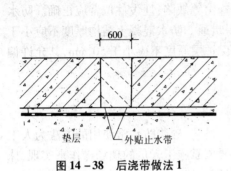

图 14 −38 后浇带做法 1

图 14 −39 后浇带做法 2

后浇带防水还可以采用超前止水方式,如图 14 −40 所示。其做法是将底板局部加厚,并设止水带,宜用外贴止水带。由于底板局部加厚一般不超过 250 mm,不宜设中埋止水带。

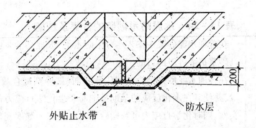

图 14 −40 后浇带做法 3

后浇带两侧底板的立断面,可以做成企口,也可做成平面。浇捣后浇带的混凝土之前,应清理掉落缝中杂物,因底板很厚,钢筋又密,清理杂物较困难,应认真做好清理工作。后浇带的混凝土宜用膨胀混凝土,亦可用普通混凝土,但强度等级不能低于两侧混凝土。后浇带与两侧底板的施工缝中夹用膨胀橡胶条做法,施工操作比较困难,也有采用此种做法的。

5. 质量检查

1)主控项目

(1)防水混凝土的原材料、配合比及坍落度必须符合设计要求。

①检查防水混凝土各种原材料的出厂合格证及主要性能指标以及进场复检的质量检验报告必须符合设计要求。

②检查防水混凝土配合比的试验报告以及保证试验配合比的现场计量措施(包括预拌混凝土搅拌站),检查抽样试验报告。

③检查防水混凝土坍落度及坍落度损失值是否符合现行规范要求。

(2)防水混凝土的抗压强度和抗渗压力必须符合设计要求。防水混凝土试件应实行现场有见证取样制度。试验报告必须真实可靠。防水混凝土抗压强度试件的取样制备应按现行《混凝土结构工程施工质量验收规范》的有关规定执行。防水混凝土抗渗性能试件应在浇筑地点制作。连续浇筑混凝土每 500 m³ 应留置一组(6 个)抗渗试件,每项工程不得少于两组。预拌混凝土的抗渗试件留置组数应视结构的规模和要求而定,试件应在标准条件下养护。

(3)防水混凝土的变形缝、施工缝、后浇带、穿墙管道、埋设件等设置和构造,均必须符合设计要求,严禁有渗漏。

2)一般项目

防水混凝土结构表面应坚实、平整,不得有露筋、蜂窝等缺陷;埋设件位置应正确。防水混凝土结构表面的裂缝宽度不应大于 0.2 mm,并不得贯通。防水混凝土结构厚度不应小于 250 mm,其允许偏差为 –10 ~ +15 mm。迎水面钢筋保护层厚度不应小于 50 mm,其允许偏差为 ±10 mm。

14.2.2　水泥砂浆防水层

砂浆防水一般称为抹面防水,是一种刚性防水层。目前,砂浆防水常使用的方法为人工抹压方法,机械湿喷法采用的较少。人工抹压方法主要依靠施工人员的现场操作来实现,抹面的平整度和密实性与操作人员的操作技巧有关。

1. 水泥防水砂浆的种类

水泥防水砂浆的分类及性能见表 14 – 24。

表 14 – 24　水泥防水砂浆的分类及性能

水泥防水砂浆	掺小分子防水剂的水泥防水砂浆	在普通水泥砂浆中掺入小分子防水剂,以提高砂浆的水密性或疏水性,达到提高砂浆抗渗等级的目的
	掺塑化膨胀剂的水泥防水砂浆	在普通水泥砂浆中掺入塑化膨胀剂(膨胀剂复合减水剂),减少砂浆拌和用水量,并使其在水化反应的早期及中期产生化学自应力作用,一则可提高砂浆的密实性,同时化学自应力可补偿砂浆因温度和干湿度变化而引起的收缩,达到防止砂浆空鼓、开裂的作用
	聚合物水泥防水砂浆	在普通水泥砂浆中掺入专用胶乳,可提高砂浆的抗渗性和黏结性,提高抗折和抗拉强度,砂浆的早期强度低于普通砂浆,采用特种水泥和改性专用胶乳或粉状聚合物改性水泥两类产品配制砂浆,砂浆除具有上述优点外,早期强度大幅度提高,有的甚至 6 h 即可进行下道工序的施工;体积稳定性大　大提高,可在 100 m² 大面积施工不设缝,拱形结构可在上百延长米内不设缝

2. 各类防水砂浆防水剂的化学组成

各类防水砂浆防水剂的化学组成见表 14 – 25。

表 14 – 25　各类防水砂浆防水剂的化学组成

防水砂浆种类	防水剂类别	
掺小分子防水剂的砂浆	无机类	氯化钙、无机铝盐
	有机类	有机硅、脂肪酸
掺塑化膨胀剂的砂浆	钙钒石膨胀源	硫铝酸盐、木钙萘系减水剂
聚合物水泥砂浆	橡胶类	氯丁胶乳、羧基丁苯胶乳、丁苯胶乳
	橡塑类	丙烯酸酯乳液、环氧乳液
	胶乳或粉状聚合物改性水硬性材料	丙烯酸酯胶乳 + 改性水泥
		环氧乳液 + 改性水泥
		粉状聚合物 + 改性水泥

3. 水泥防水砂浆适用范围

水泥防水砂浆适用范围见表 14 – 26。

表 14 - 26　水泥防水砂浆适用范围

种类	特点	适用范围
掺小分子防水剂砂浆	1. 提高了水密性和疏水性; 2. 价格便宜; 3. 与普通水泥砂浆比较,力学性能不提高; 4. 某些防水剂加入后,砂浆的抗压强度下降,干缩率上升	结构稳定,埋置深度不大,不会因温度、湿度变化及振动等产生有害裂缝的地上及地下防水工程
掺塑化膨胀剂防水砂浆	1. 提高了水密性及抗渗性; 2. 对干、冷缩具有补偿收缩作用; 3. 可加大分格面积	用途同上,分格面积可比掺小分子防水剂砂浆加大
专用胶乳改性水泥类聚合物水泥砂浆	1. 提高了水密性、抗折强度、抗拉强度、黏结性; 2. 初黏性、施工性能优异; 3. 早期强度低	用途同上,还可用于受冲击和有振动的防水工程
专用胶乳加改性水泥面胶粉、改性水泥胶黏剂配制的聚合物水泥砂浆	1. 提高了水密性、抗折强度、抗拉强度、黏结性; 2. 初黏性、施工性能优异; 3. 早期强度高、干缩率小、体积稳定性好	用途同上,还可用于受冲击和有振动的防水工程以及大面积的防水抹面工程

4. 施工前的准备工作

1)材料

(1)水泥:包括普通硅酸盐水泥、矿渣硅酸盐水泥、火山灰质硅酸盐水泥;水泥强度等级应不低于 32.5 MPa,无受潮结块现象,出厂期不超过 3 个月;遇有特殊情况需经过检验,质量合格才可使用,不同品种的水泥不可混用。

(2)砂:选用颗粒坚硬、粗糙洁净的粗砂,平均粒径不小于 0.5 mm,最大粒径不大于 3 mm;砂中不得含有垃圾、草根等有机杂质,含泥量不得大于 1%,硫化物和硫酸盐含量不得大于 1%。

(3)水:一般采用饮用水,如用天然水应符合混凝土用水要求。

2)施工工具

一般常用的工具有清理工具(清理基层用),如铁锤、钻子、剁斧、钢丝刷、扫帚、棕刷、胶皮管、水桶等;抹砂浆工具,如灰浆搅拌机或拌盘、铁锹、水桶、灰桶、筛子、棕刷、抹刀等。

3)施工环境

施工操作环境应满足下列要求:

(1)气温在 5 ℃以上、40 ℃以下,风力在四级以下,夏季露天施工还应做好防晒、防雨工作,冬季 5 ℃以下施工要采取取暖和保温措施;

(2)当工程在地下水位以下施工时,施工前应将水位降到抹面层以下,地表积水应排除;

(3)旧工程维修防水层,应将渗漏水堵好或堵漏,抹面交叉施工,以保证防水层施工顺利进行。

5. 基层的处理

基层处理十分重要,是保证防水层与基层表面结合牢固、不空鼓和密实不透水的关键。基层处理包括清理、浇水、刷洗、补平等工序,使基层表面保持潮湿、清洁、平整、坚实、粗糙。

1)混凝土基层的处理

(1)新建混凝土工程,拆除模板后,立即用钢丝刷将混凝土表面刷毛,并在抹面前浇水冲刷干净。

(2)旧混凝土工程补做防水层时,需用钻子、剁斧、钢丝刷将表面凿毛,清理平整后再冲水,并用棕刷刷洗干净。

(3)混凝土基层表面凹凸不平、蜂窝孔洞,应根据不同情况分别进行处理。超过 10 mm 的棱角及凹凸不平处,应剔成慢坡形,并浇水清洗干净,用素灰和水泥砂浆分层找平,如图 14 – 41 所示。混凝土表面的蜂窝孔洞,应先将松散不牢的石子除掉,浇水冲洗干净,用素灰和水泥砂浆交替抹到与基层面相平,如图 14 – 42 所示。混凝土表面的蜂窝床面不深,石子黏结较牢固,只需用水冲洗干净后,用素灰打底,水泥砂浆压实找平即可,如图 14 – 43 所示。

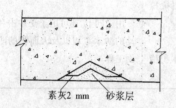

图 14 – 41   混凝土基层凹凸不平的处理

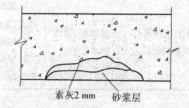

图 14 – 42   混凝土基层蜂窝孔洞的处理

2)砖砌体基层的处理

对于新砌体,应将其表面残留的砂浆等污物清除干净,并浇水冲洗。对于旧砌体,要将其表面酥松表皮及砂浆等污物清理干净,至露出坚硬的砖面,并浇水冲洗。对于石灰砂浆或混合砂浆砌的砖砌体,应将缝剔深 10 mm,缝内呈直角,如图 14 – 44 所示。

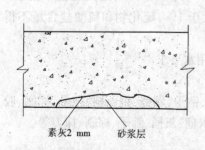

图 14 – 43   混凝土基层蜂窝麻面的处理

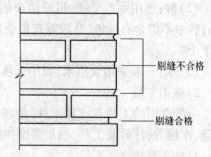

图 14 – 44   砖砌体的剔缝

3)毛石和料石砌体基层的处理

这种砌体基层的处理与混凝土和砖砌体基层处理基本相同。对于石灰砂浆或混合砂浆砌体,其灰缝要剔深 10 mm,缝内呈直角。对于表面凹凸不平的石砌体,清理完毕后,在基层表面要做找平层。找平层的做法是:先在石砌体表面刷水灰比 0.5 左右的水泥浆一道,厚约 1 mm,再抹 10 ~ 15 mm 厚的 1∶2.5 水泥砂浆,并将表面扫成毛面。一次不能找平时,要间隔两天分次找平。

基层处理后必须浇水湿润,这是保证防水层和基层结合牢固、不空鼓的重要条件。浇水要按次序反复浇透。砖砌体要浇到砌体表面基本饱和,抹上灰浆后没有吸水现象为合格。

6.砂浆抹面施工操作要点

1)混凝土顶板与墙面防水层操作

素灰层,厚2 mm。先抹一道1 mm厚素灰,用铁抹子往返用力刮抹,使素灰填实基层表面的孔隙;随即在已刮抹过素灰的基层表面再抹一道厚1 mm的素灰找平层,抹完后用湿毛刷在素灰层表面按顺序涂刷一遍。

第一层水泥砂浆层,厚6~8 mm。在素灰层初凝时抹水泥砂浆层,要防止素灰层过软或过硬,过软会将素灰层破坏;过硬则黏结不良,要使水泥砂浆薄薄压入素灰层厚度的1/4左右,如图14-45所示。抹完后,在水泥砂浆初凝时用扫帚按顺序向一个方向扫出横向条纹。

第二层水泥砂浆层,厚6~8 mm。按照第一层的操作方法将水泥砂浆抹在第一层上,抹后在水泥砂浆凝固前、水分蒸发过程中,分次用铁抹子压实,一般以抹压2~3次为宜,最后再压光。

2)砖墙面和拱顶防水层的操作

第一层是刷水泥砂浆一道,厚度约为1 mm,用毛刷往返涂刷均匀,涂刷后可抹第二、三、四层等,其操作方法与混凝土基层防水相同。

3)石墙面和拱顶防水层的操作

待找平层(为一层素灰、一层砂浆)水泥砂浆充分硬化后,再在其表面适当浇水湿润,即可进行防水层施工,其操作方法与混凝土基层防水相同。

4)地面防水层的操作

地面防水层操作与墙面、顶板操作不同的地方是,素灰层(一、三层)不采用刮抹的方法,而是把拌和好的素灰倒在地面上,用棕刷往返用力涂刷均匀,第二层和第四层是在素灰层初凝前后把拌和好的水泥砂浆按厚度要求均匀铺在素灰层上,按墙面、顶板操作要求抹压,各层厚度也均与墙面、顶板防水层相同。地面防水层在施工时要防止踩踏,应按由里向外顺序进行,如图14-46所示。

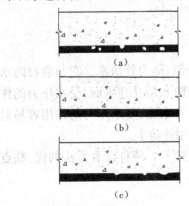

图14-45 砂浆层与素灰层衔接示意图

(a)素灰层太软,砂粒穿透素灰层

(b)素灰层太硬,水泥砂浆层与素灰层衔接不良

(c)素灰层软硬适宜,素灰层与水泥砂浆层之间有0.5 mm的衔接层

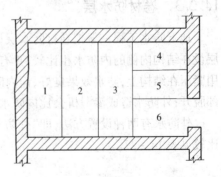

图14-46 地面防水层施工顺序

7.特殊部位的施工

(1)结构阴阳角处的防水层,均需抹成圆角,阴角直径 50 mm,阳角直径 10 mm。

(2)防水层的施工缝需留斜坡阶梯形槎,槎子要依照层次操作顺序层层搭接。留槎的位置一般在地面上,亦可留在墙面上,所留的槎子均需离阴阳角 200 mm 以上,如图 14 - 47 和图 14 - 48 所示。

图 14 - 47　防水层接槎处理

图 14 - 48　水泥砂浆防水层的分层交叉涂抹

14.2.3　卷材防水层

地下防水工程一般把卷材防水层设置在建筑结构的外侧,称为外防水。它与卷材防水层设在结构内侧的内防水相比较,具有以下优点:外防水的防水层在迎水面,受水压力的作用紧压在结构上,防水效果良好,而内防水的卷材防水层在背水面,受水压力的作用容易局部脱开;外防水造成渗漏机会比内防水少。因此,一般多采用外防水。

外防水有两种设置方法,即"外防外贴法"和"外防内贴法"。两种设置方法的优、缺点比较见表 14 - 27。

表 14 - 27　"外防外贴法"和"外防内贴法"优、缺点比较表

名称	优点	缺点
外防外贴法	由于绝大部分卷材防水层直接贴在结构外表面,所以防水层较少受结构沉降变形影响;由于是后贴立面防水层,所以浇捣结构混凝土时不会损坏防水层,只需注意保护底板与留槎部位的防水层即可,便于检查混凝土结构及卷材防水层的质量,且容易修补	工序多、工期长,需要一定工作面,土方量大,模板需用量大,卷材接头不易保护好,施工烦琐,影响防水层质量

名称	优点	缺点
外防内贴法	工序简便、工期短、节省施工占地、土方量较小，节约外墙外侧模板卷材，防水层无须临时固定留槎，可连续铺贴，质量容易保证	受结构沉降变形影响，容易断裂，产生漏水，卷材防水层及混凝土结构的抗渗质量不易检验；如产生渗漏，修补卷材防水层困难

1. 外防外贴法

外防外贴法是将立面卷材防水层直接铺设在需防水结构的外墙外表面，施工程序如下。

(1) 先浇筑需防水结构的底面混凝土垫层。

(2) 在垫层上砌筑永久性保护墙，墙下铺一层干油毡。墙的高度不小于需防水结构底板厚度再加 100 mm。

(3) 在永久性保护墙上用石灰砂浆接砌临时保护墙，墙高为 300 mm。

(4) 在永久性保护墙上抹 1:3 水泥砂浆找平层，在临时保护墙上抹石灰砂浆找平层，并刷石灰浆。如用模板代替临时性保护墙，应在其上涂刷隔离剂。

(5) 待找平层基本干燥后，即可根据所选卷材的施工要求进行铺贴。

(6) 在大面积铺贴卷材之前，应先在转角处粘贴一层卷材附加层，然后进行大面积铺贴，先铺平面、后铺立面。在垫层和永久性保护墙上应将卷材防水层空铺；而在临时保护墙（或模板）上应将卷材防水层临时贴附，并分层临时固定在其顶端。

(7) 当不设保护墙时，从底面折向立面的卷材的接槎部位应采取可靠的保护措施。

(8) 浇筑需防水结构的混凝土底板和墙体。

(9) 在需防水结构外墙外表面抹找平层。

(10) 主体结构完成后，铺贴立面卷材时，应先将接槎部位的各层卷材揭开，并将其表面清理干净，如卷材有局部损伤，应及时进行修补。卷材接槎的搭接长度，高聚物改性沥青卷材为 150 mm，合成高分子卷材为 100 mm。当使用两层卷材时，卷材应错槎接缝，上层卷材应盖过下层卷材。卷材的甩槎、接槎做法如图 14–49 所示。

(11) 待卷材防水层施工完毕，并经过检查验收合格后，即应及时做好卷材防水层的保护结构。保护结构有以下几种做法。

① 砌筑永久保护墙，并每隔 5~6 m 和在转角处断开，断开的缝中填以卷材条或沥青麻丝；保护墙与卷材防水层之间的空隙应随砌随以砌筑砂浆填实，保护墙完工后方可回填土。注意：在砌保护墙的过程中切勿损坏防水层。

② 抹水泥砂浆。在涂抹卷材防水层最后一道沥青胶结材料时，趁热撒上干净的热砂或散麻丝，冷却后随即抹一层 10~20 mm 的 1:3 水泥砂浆，水泥砂浆经养护达到强度后，即可回填土。

③ 贴塑料板。在卷材防水层外侧直接用氯丁系胶黏剂固定粘贴 5~6 mm 厚的聚乙烯泡沫塑料板，完工后即可回填土。

上述做法亦可用聚醋酸乙烯乳液粘贴 40 mm 厚的聚苯泡沫塑料板代替。

2. 外防内贴法

外防内贴法是浇筑混凝土垫层后，在垫层上将永久保护墙全部砌好，将卷材防水层铺贴在垫层和永久保护墙上，如图 14–50 和图 14–51 所示，施工程序如下。

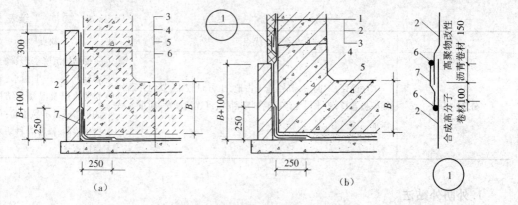

图 14 –49　卷材防水层甩槎、接槎做法

(a)甩槎

1—临时保护墙；2—永久保护墙；3—细石混凝土保护层；
4—卷材防水层；5—水泥砂浆找平层；6—混凝土垫层；7—卷材加强层

(b)接槎

1—结构墙体；2—卷材防水层；3—卷材保护层；
4—卷材加强层；5—结构底板；6—密封材料；7—盖缝条

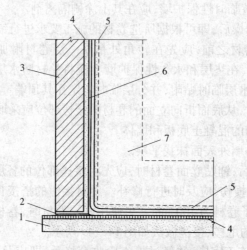

图 14 –50　外防内贴法示意图

1—混凝土垫层；2—干铺油毡；3—永久性保护墙；4—找平层；
5—保护层；6—卷材防水层；7—需防水的结构

(1)在已施工好的混凝土垫层上砌筑永久保护墙，保护墙全部砌好后，用1∶3水泥砂浆在垫层和永久保护墙上抹找平层。保护墙与垫层之间必须干铺一层油毡。

(2)找平层干燥后即涂刷冷底子油或基层处理剂，干燥后方可铺贴卷材防水层，铺贴时应先铺立面、后铺平面，先铺转角、后铺大面。在全部转角处应铺贴卷材附加层，附加层可为两层同类油毡或一层抗拉强度较高的卷材，并应仔细粘贴紧密。

(3)卷材防水层铺完经验收合格后即应做好保护层。立面可抹水泥砂浆、贴塑料板，或用氯丁系胶黏剂粘铺石油沥青纸胎油毡；平面可抹水泥砂浆，或浇筑厚度不小于50 mm的细石混凝土。

(4)施工需防水结构，将防水层压紧。如为混凝土结构，则永久保护墙可当一侧模板；结构顶板卷材防水层上的细石混凝土保护层厚度不应小于70 mm，防水层如为单层卷材，则

图 14 – 51 地下室外防内贴法施工现场

其与保护层之间应设置隔离层。

（5）结构完工后，方可回填土。

3. 提高卷材防水层质量的技术措施

1）卷材的点粘、条粘及空铺

卷材防水层是黏附在具有足够刚度的结构层或结构层上的找平层上面的，当结构层因种种原因产生变形裂缝时，要求卷材有一定的延伸率来适应这种变形，采用点粘、条粘、空铺的措施可以充分发挥卷材的延伸性能，有效地降低卷材被拉裂的可能性。

点粘法：每平方米卷材下粘五点（100 mm × 100 mm），粘贴面积不大于总面积的 6%。

条粘法：每幅卷材两边各与基层粘贴 150 mm 宽。

空铺法：卷材防水层周边与基层粘贴 800 mm 宽。

2）增铺卷材附加层

对变形较大、易遭破坏或易老化部位，如变形缝、转角、三面角以及穿墙管道周围、地下出入口通道等处，均应铺设卷材附加层。附加层可采用同种卷材加铺 1～2 层，亦可用其他材料做增强处理。

3）做密封处理

为增强卷材防水层适应变形的能力，提高防水层整体质量，在分格缝、穿墙管道周围、卷材搭接缝以及收头部位应做密封处理。

复习思考题

1. 屋面防水卷材的铺贴方向应如何确定？
2. 卷材防水屋面的施工顺序应如何确定？
3. 地下卷材防水的外贴法与内贴法施工的区别与特点？
4. 后浇带混凝土施工应注意哪些问题？
5. 屋面工程施工质量检验批量是如何规定的？
6. 在划分屋面等级时，按渗漏造成的影响程度应考虑哪些情况？
7. 简述卷材的铺设方向、顺序和搭接要求。
8. 试述涂膜防水的材料特性和施工要点。

第 15 章   建筑节能工程

1973 年国际石油危机以后,节约能源引起世界各国广泛重视。建筑领域是能耗大户,约占国民经济总能耗的 30% 以上,建筑节能技术已成为当今世界建筑技术发展的重点之一。目前,发达国家的建筑节能已进入第三阶段,建筑节能率已从开始阶段的 25%～30%,进入现阶段的 65%～70%。

目前,公认的建筑节能的含义是:在建筑中合理使用和有效利用能源,不断提高能源利用率,减少能源消耗;在节约能源的同时,改善建筑物的质量和功能,创造舒适的生活、工作环境,减少大气污染,保护生态环境。

我国的建筑节能工作,始于 20 世纪 80 年代初期,至今大体经历了以下三个阶段。

(1)1980—1986 年,是建筑节能技术的研究与节能标准制定的探索阶段。1986 年 3 月,我国建设部颁发了第一部节能率为 30% 的《民用建筑节能设计标准(采暖居住建筑部分)》(JGJ 26—86),于 1986 年 8 月 1 日开始试行。

(2)1987—1994 年,是第一个建筑节能设计标准的执行阶段。

(3)1994—2000 年,是有组织地制定建筑节能政策和计划并组织全面实施阶段。我国建设部制定了《中国建筑节能"九五"计划和 2010 年规划》,颁发了新的节能率为 50% 的《民用建筑节能设计标准(采暖居住建筑部分)》(JGJ 26—95),于 1996 年 7 月 1 日开始执行;制定发布了《建筑节能技术政策》和《市政公用事业节能技术政策》。2000 年 2 月,建设部发布部长令《民用建筑节能管理规定》,从 2000 年 10 月 1 日起施行,强制性地全面推进建筑节能,至此建筑节能工作在中国城镇普遍开展起来。

通过采取合理的建筑设计和选用符合节能要求的墙体材料、屋面隔热材料、门窗、空调等措施,在保证相同的室内热舒适环境条件下,可以提高电能利用效率,减少建筑能耗。保温节能工程按其设置部位不同分为墙体保温、屋面保温、楼地面保温。墙体保温中保温层的主要设置方式有外墙的外侧、中间和内侧。屋面保温的主要设置方式有吊顶板之上、结构板底面、防水层之下。楼地面保温的主要设置方式有混凝土板和防水层之上、混凝土下面直接与土壤接触、土壤内部。

15.1   墙体节能工程施工

墙体节能工程是建筑节能工程的重要组成部分,节能墙体的类型主要分为单一材料墙体和复合墙体两大类。单一材料墙体主要包括空心砖墙、加气混凝土墙和轻骨料混凝土墙,其施工方法与砌体结构相同;复合墙体主要指外墙外保温技术。

外墙外保温做法主要有在承重墙体的外侧粘贴(钉、挂)膨胀型聚苯乙烯板(EPS)、挤塑型聚苯乙烯板(XPS)(图 15-1)、聚氨酯硬泡喷涂(PUR)(图 15-2)和粉刷胶粉聚苯颗粒保温砂浆等。挤塑型聚苯乙烯板和聚氨酯硬泡喷涂的价格稍高,目前应用最多的是膨胀型聚苯乙烯板外保温。

(a)　　　　　　　　　　　　　　　　　　(b)

图 15 - 1　聚苯乙烯板

(a)膨胀型聚苯乙烯板(EPS)　(b)挤塑型聚苯乙烯板(XPS)

图 15 - 2　聚氨酯硬泡喷涂(PUR)

15.1.1　EPS 板薄抹灰外墙外保温施工

1. EPS 板薄抹灰外墙外保温构造

EPS 板薄抹灰外墙外保温是由 EPS 板(阻燃型模塑聚苯乙烯泡沫塑料板)、耐碱玻璃纤维玻纤网(以下称玻纤网)及外墙装饰面层组成的外墙外保温系统。EPS 板薄抹灰外墙外保温是把聚苯乙烯泡沫塑料板(简称聚苯板,EPS)直接采用聚合物黏结砂浆(必要时使用锚栓辅助固定)粘贴在建筑物的外墙外表面上,形成保温层,如图 15 - 3 所示;用耐碱玻璃纤维玻纤网增强聚合物砂浆覆盖聚苯板表面,形成防护层,然后进行饰面处理。其基本构造如表 15 - 1 所示。

该系统技术先进,隔热、保温性能良好,坚实牢固、抗冲击、耐老化、防水抗渗,施工简便。EPS 板薄抹灰外墙外保温适用于新建房屋的保温隔热及旧房改建;无论是在钢筋混凝土现浇基层上,还是在其他各类墙体上,均可获得良好的施工效果。

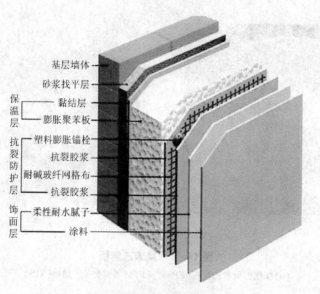

图 15 - 3　EPS 板薄抹灰外墙外保温构造

表 15 - 1　EPS 板薄抹灰外墙保温系统构造图

结构墙体材料	聚苯板玻纤网格布聚合物砂浆保温系统 外墙外保温做法基本构造						构造示意
	连接手段	保温层	底层防护砂浆	网格布	面层防护砂浆	外饰面	
钢筋混凝土、小型混凝土空心砌块、多孔砖、其他砌体	聚合物水泥砂浆胶粘剂,也可根据实际情况加设锚固件	聚苯乙烯泡沫塑料板	聚合物抹面砂浆	耐碱玻璃纤维网格布	聚合物抹面砂浆	涂料或其他饰面材料	
①	②	③	④	⑤	⑥	⑦	

2. 聚苯板厚度的选用

北方地区采用传热系数较低的外窗时,保温聚苯板厚度的选用见表 15 - 2。

表 15 - 2　聚苯板厚度选用表

体形系数		≤0.3		>0.3
外窗传热系数/(W/(m²·K))		≤3.5	≤2.6	≤3.0
外墙传热系数限值/(W/(m²·K))		1.16	1.15	1.07
聚苯板厚度/mm	混凝土外墙	30		30
	砌块外墙	30		30

3. 主要材料及技术要求

1) 聚苯乙烯泡沫塑料板(EPS)

EPS 板在避光的条件下至少应存放 40 d 或在 60 ℃条件下干养护 5 d 方可使用。实际上,一般厂家在出厂前已经对该项进行处理,运到施工现场后即可使用。其厚度按施工图设计选用,技术指标应满足《绝热用模塑聚苯乙烯泡沫塑料》(GB/T 10801.1—2002)中第 B 类(阻燃型)的要求,见表 15-3。其常用规格为(900~1 200)mm×600 mm,厚度为 20~60 mm,密度为 18~20 kg/m³,如图 15-4 所示。

表 15-3　聚苯乙烯泡沫塑料板技术指标

项目	指标	项目		指标
表观密度/(kg/m³)	≥18	水蒸气透湿系数/(ng/(Pa·m·s))		≤4.5
压缩强度/MPa	≥0.1	尺寸稳定性		≤0.2%
抗拉强度/MPa	≥0.1	吸水率		≤4%
断裂弯曲负荷/N	≥25	氧指数		≥30%
弯曲变形/mm	≥20	陈化时间/d	自然条件	≥42
导热系数/(W/(m²·K))	≤0.041		蒸汽(60 ℃)	≥5

图 15-4　膨胀型聚苯乙烯板(EPS)

2) 聚合物水泥砂浆

聚合物水泥砂浆采用多功能胶和干混料,按质量比 1:4 复合而成,用于粘贴聚苯板和防护层抹灰,技术指标见表 15-4。

表 15 - 4　聚合物水泥砂浆胶黏剂技术指标

项目		指标
压剪黏结强度(MPa)(与水泥砂浆)	常温常态 14 d	≥1.00
	常温常态 14 d,浸水 48 h	≥0.70
拉伸黏结强度(MPa)(与水泥砂浆)	常温常态 14 d	≥1.00
	常温常态 14 d,浸水 48 h	≥0.70
拉伸黏结强度(MPa)(与 (18 ± 1) kg/m³ 聚苯板)	常温常态 14 d	≥0.10
	常温常态 14 d,浸水 48 h	≥0.10
	常温常态 14 d,冻融 25 次	≥0.10
抗裂性		厚度 5 mm 以下无裂缝
柔韧性	抗压强度/抗折强度(水泥基)	≤3.0
	可操作时间/h	2 ±1

3)耐碱玻璃纤维玻纤网

耐碱玻璃纤维玻纤网技术要求见表 15 -5,构造如图 15 -5 所示。

表 15 -5　耐碱玻璃纤维玻纤网技术要求

项目		技术指标(标准网格布)
标准网孔尺寸/mm		$(4 \sim 6) \times (4 \sim 6)$
公称单位面积质量/(g/m²)		≥160
断裂应变		≤5%
耐碱断裂强力保留率		≥80%
耐碱断裂强力保留值/(N/50 mm)		≥1 000
含胶量	耐碱玻纤网格布	≥7%
	树脂涂覆中碱网格布	≥15%

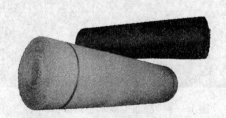

图 15 -5　耐碱玻璃纤维玻纤网

4)硅酸盐水泥和普通硅酸盐水泥

硅酸盐水泥和普通硅酸盐水泥应符合《通用硅酸盐水泥》(GB 175—2007)标准要求。

5)锚固件

锚固件通常情况下有金属螺钉和塑料钉两种。金属螺钉应采用不锈钢或经过表面防锈处理的金属制成;塑料钉采用 $\phi 8 \times 80 \sim \phi 10 \times 100$ 专用尼龙胀管或胀塞(视保温厚度选用),塑料圆盘直径应不小于 50 mm,有效锚固深度≥25 mm,拔出力≥2 000 N,吊挂力≥2 000 N,

其单个锚栓抗拉承载力标准值不小于 0.3 kN。

6）嵌缝材料

填缝用发泡聚乙烯圆棒（背衬）直径按缝宽的 1.3 倍选用。外侧嵌建筑密封膏，应符合《聚氨酯建筑密封膏》（JCT 482—2003）标准要求。

7）面层涂料

专用配套弹性涂料，也可选用延伸率（24 ℃条件下）为 200% 的弹性涂料。

4. EPS 板薄抹灰外墙外保温技术的特点

（1）可准确无误地控制隔热保温层的厚度和导热系数，施工无偏差，并能确保技术要求的隔热、保温效果。

（2）使用水泥基聚合物砂浆作为黏结层及抹面层，由于其高强且有一定的柔韧性，能吸收多种交变负荷，可在多种基层上将 EPS 板牢固地黏结在一起，在外饰面质量较轻时，施工中无须锚固。

（3）使用的水泥基聚合物砂浆保护层，可将玻纤网牢固地黏结在聚苯板上，抗裂、防水、抗冲击、耐老化，并具有水、气透过性能，能有效地在建筑上构筑高效、稳固的保温隔热系统。

（4）使用的聚合物砂浆，具有良好的和易性、镘涂性和较长的凝固时间，便于工人操作，把原本复杂的保温技术简化为粘贴、镘涂作业，施工简便。操作人员经简单培训后，即可以进行大面积、高质量、高效率的施工，经济效益显著。

5. 施工准备

1）施工条件

（1）外墙外保温施工应在结构、外门窗口及门窗框、各类墙面安装预埋件等施工及验收完毕后进行。基面达到《混凝土结构工程施工质量验收规范》（GB 50204—2002）、《砌体工程施工质量验收规范》（GB 50203—2011）中有关要求。

（2）做 EPS 外墙外保温系统的墙面首先应经过验收达到质量标准的结构承重或非承重墙，否则不能进行外墙外保温施工。即要确保外墙外表面不能有空鼓和开裂，要确保基层有良好的附着力，规范要求基层的附着力应大于 0.30 MPa。如果基层墙体的附着力不能满足上述要求，必须对墙面做彻底的清理，如增加黏结面积或加设锚栓等。

（3）墙体的基层表面应清洁、干燥、平整、坚固，无污染、油渍、油漆或其他有害的材料。墙面平整度可用 2 m 靠尺检测，其平整度≤3 mm，墙体的阴阳角必须方正；局部不平整的部位可用 1:2 水泥砂浆找平。

（4）墙体的门窗洞口要经过验收，墙外的消防梯、水落管、防盗窗预埋件或其他预埋件、入口管线或其他预留洞口，应按设计图纸或施工验收规范要求提前施工。

（5）建筑物中的伸缩缝在外墙外保温系统中必须留有相应的伸缩缝。

2）施工中的天气条件

（1）施工时温度不应低于 5 ℃，而且施工完成后 24 h 内气温应高于 5 ℃。夏季高温时，不宜在强光下施工，必要时可在脚手架上搭设防晒布，遮挡墙壁。

（2）5 级风以上或雨天不能施工，如施工时遇降雨，应采取有效措施，防止雨水冲刷墙壁。

3）施工材料准备

材料进场后，应按各种材料的技术要求进行验收，并分类挂牌存放。EPS 板应成捆平放，注意防雨防潮；玻纤网要防潮存放；聚合物水泥基应存放于阴凉干燥处，防止过期硬化。

单位面积保温材料铺装耗材指标见表 15 – 6。

表 15 – 6　单位面积保温材料铺装耗材指标

材料名称	KE 胶	KE 干混料	聚苯板	网格布	固定件
单方耗量	2 kg	8 kg	0.054 m³(50 mm)	1.3 m²	2 ~ 4 套

4)主要施工机具

称量衡器、电动搅拌器、电锤(冲击钻)、电动打磨器(砂纸)、壁纸刀、自动(手动)螺丝刀、剪刀、钢丝刷、扫帚、棕刷、开刀、墨斗、抹子、压子、阴阳角抿子、托线板、2 m 靠尺等。

6. 施工工艺

1)施工程序

根据工程进度及现场情况,可分单组双向或两组同向流水作业,即单组粘(钉)保温板由下到上施工,抹灰由上到下施工;双组粘(钉)保温板和抹灰均由下到上施工,流水间隔 12 h 以上。

施工流程:基层处理→测量放线→粘贴 EPS 聚苯板→聚苯板打磨→涂抹面胶浆→铺压玻纤网→涂抹面胶浆→涂耐水弹性腻子和面层涂料或面砖施工。

2)施工要点

Ⅰ. 基面处理

(1)检查并封堵基面未处理的孔洞,墙体基层必须清洁、平整、坚固,若有凸起、空鼓和疏松部位应剔除,用 1:2 水泥砂浆进行修补找平。

(2)清除墙面上的混凝土残渣、模板油渍、涂料、泥土等污物或有碍黏结的材料,若有上述现象存在,必要时可用高压水冲洗,或用化学清洗、打磨、喷砂等方法清除污物和涂料。

(3)先用钢丝刷刮刷,再用扫帚清扫,除去墙面灰尘。

(4)对于旧建筑做外墙外保温,除按上述要求做必要的基层处理外,应对聚苯板与老墙面的黏结强度进行检测,确定聚苯板的固定方案。

(5)若墙体基层过干时,应先喷水湿润。喷水应在贴聚苯板前根据不同的基层材料适时进行,可采用喷浆泵或喷雾器喷水,不能喷水过量,不准向墙体泼水。

(6)对于表面过干或吸水性较高的基层,必须先做粘贴试验,可按如下方法进行:用聚合物黏结砂浆黏结 EPS 板,5 min 后取下聚苯板,并重新贴回原位,若能用手揉动则视为合格,否则表明基层过干或吸水性过高。

(7)抹灰基层应在砂浆充分干燥和收缩稳定后,再进行保温施工,对于混凝土墙面必要时应采用界面剂进行界面处理。

Ⅱ. 墙面测量及弹线、挂线

墙体基面必须清理干净,检验墙面平整度和垂直度,用 2 m 靠尺检查,最大偏差≤5 mm;在阴阳角和墙面适当部位固定钢丝以测定垂直基面误差,做好标记并记录。图 15 – 6 所示为墙面平整度检查和阳角吊线。

在每一层墙面上适当的部位(窗台下方)拉通长水平线用以测定墙面平整度误差,以控制 EPS 聚苯板的垂直和平整度,做好标记;依照基准线弹水平和垂直伸缩缝分格线;挂控制线;墙面全高度固定垂直钢丝,每层板挂水平线。

图 15 - 6　墙面平整度检查和阳角吊线

Ⅲ. 配制聚合物黏结砂浆

（1）配制聚合物黏结砂浆必须有专人负责，以确保搅拌质量。

（2）拌制聚合物黏结砂浆时，要用搅拌器或其他工具将黏结剂重新搅拌，避免黏结剂出现离析现象，以免出现质量问题。

（3）聚合物黏结砂浆的配合比为聚合物黏结剂:425#普通硅酸盐水泥:砂子（用 16 目筛底）=1:1.88:4.97（质量比）。

（4）将水泥、砂子用量桶称好后倒入铁灰槽中进行混合，搅拌均匀后按配合比加入黏结剂，搅拌必须均匀，避免出现离析，最后呈粥状。根据和易性可适当加水，加水量为黏结剂的 5%，水为混凝土用水。

（5）聚合物黏结砂浆应随用随配，配好的聚合物黏结砂浆最好在 2 h 之内用完。聚合物黏结砂浆应于阴凉处放置，避免阳光暴晒。

Ⅳ. 涂抹胶黏剂

粘贴法通常有点框法、条粘法和满粘法，一般采用点框法。在板边缘抹宽 50 mm、高 10 mm 的胶黏剂，板中间呈梅花点布置，间距不大于 200 mm，直径不大于 100 mm，板上口留 50 mm 宽排气口，如图 15 - 7 所示。板在阳角处要留马牙槎，伸出部分的聚苯板不抹胶黏剂，其宽度略大于聚苯板厚度，板应自下而上沿水平方向横向铺贴，错缝 1/2 板长，如图 15 - 8 所示。粘贴法适用于外墙饰面采用涂料的外墙外保温层施工。

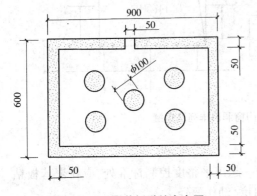

图 15 - 7　聚苯板黏结布点图　　　　　图 15 - 8　点框法涂抹示意图

条粘法用于平整度小于 5 mm 的墙面，用专用锯齿抹子在整个 EPS 板背面满涂黏结浆，保持抹子和板面成 45°，紧贴 EPS 板并刮除多余的黏结浆，使板面形成若干条宽度为 10

mm、厚度为 10 mm、中心距为 25 mm 的浆带,如图 15 – 9 所示。

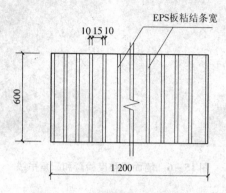

图 15 – 9　聚苯板条粘法示意图

无论采用条粘法还是点粘法进行铺贴施工,其涂抹的面积与 EPS 板的面积之比都不得小于 40%。黏结浆应涂抹在 EPS 板上,黏结点应按面积均布,且板的侧边不能涂浆。

Ⅴ.黏结聚苯板

将 EPS 板抹完黏结砂浆后,应立即将板平贴在墙体基层上,滑动就位。粘板时应均匀挤压板面,动作要轻柔,不能局部按压、敲击,随时用托线板检查平整度,一般用一根长度为 2 m 的铝合金靠尺进行整平操作,贴好后应立即刮除板缝和板侧面残留的黏结浆。每粘完一块板,用木杠将相邻板面拍平,及时清除板边缘挤出的胶黏剂。

聚苯板应挤紧、拼严,若出现超过 2 mm 的间隙,应用相应宽度的聚苯片填塞,板条不用黏结;严禁上下通缝,如图 15 – 10 所示。若墙体基面局部超差,可调整胶黏剂或聚苯板的厚度。

当饰面层为贴面砖时,在粘贴 EPS 板前应先在底部安装托架,并采用膨胀螺栓与墙体连接,每个托架不得少于两个 ϕ10 mm 膨胀螺栓,螺栓嵌入墙壁内不少于 60 mm。

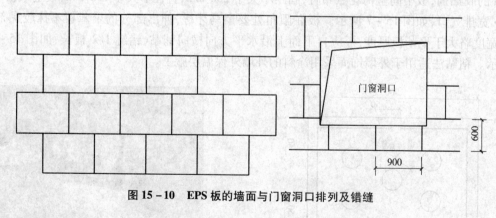

图 15 – 10　EPS 板的墙面与门窗洞口排列及错缝

Ⅵ.聚苯板修整

粘贴好的聚苯板面平整度要控制在 2 ~ 3 mm。超出平整度控制标准处,应在聚苯板粘贴 12 h 后用砂纸或专用打磨机等工具进行修整打磨,动作要轻。

Ⅶ.安装锚固件

(1)锚固:标高 20 m 以上的部位应采用锚栓辅助固定,尤其在墙壁转角等受风压较大的部位,锚栓数量为 3 ~ 4 个/m²,如图 15 – 11 和图 15 – 12 所示。

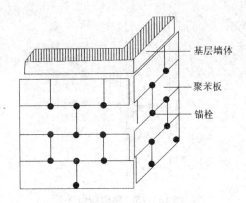

图 15 – 11　锚栓的布置示意图

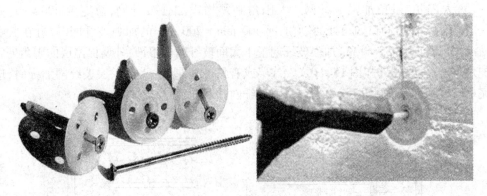

图 15 – 12　锚栓(保温钉)的安装

(2)锚栓在 EPS 板粘贴 24 h 后开始安装,在设计要求的位置打孔,以确保牢固可靠,不同的基层墙体锚固深度应按实际情况而定。当聚苯板安装 12 h 后,先用电锤(冲击钻)在聚苯板表面向内打孔,孔径依据保温厚度所选用的固定件型号确定。

(3)深入墙体深度,随基层墙体不同而有区别:加气混凝土墙≥45 mm,混凝土和其他各类砌块墙≥30 mm。锚栓安装后其塑料托盘应与 EPS 板表面齐平,或略低于板面,并保证与基层墙体充分锚固。

Ⅷ. 伸缩缝

(1)抹完聚合物砂浆面层后,适时取出伸缩缝分隔木条(米厘条),并用靠尺板修边。

(2)填塞发泡聚乙烯圆棒。圆棒直径为缝宽的 1.3 倍,抹灰 24 h 后填塞,圆棒弧顶距砂浆表面 10 mm 左右,圆棒在缝内要平直并深浅一致。操作时要避免损坏缝的直角边。

(3)填密封膏。清除伸缩缝内的杂物,在分格缝的两边砂浆表面粘贴不干胶带;向缝内填充密封膏,并保证密封膏与伸缩缝两边可靠黏结,与抹灰面刮平还是做成凹、凸线条,视建筑立面要求确定,如图 15 – 13 所示。

Ⅸ. 粘贴加强玻纤网

(1)铺设加强玻纤网前,应先检查 EPS 板表面是否平整、干燥,同时应去除板面的杂物(如泡沫碎屑)或表面变质部分。

(2)抹面黏结浆的配制过程应计量准确,采用机械搅拌,确保搅拌均匀。每次配制的黏结浆不得过多,并在 2 h 内用完,同时要注意防晒、避风,以免水分蒸发过快,造成表面结皮、干裂。

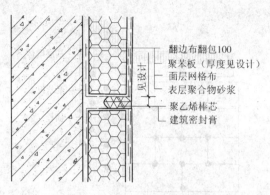

图 15 – 13　伸缩缝做法

（3）大阳角、口角加强玻纤网。大阳角必须增设加强玻纤网,总宽度 400 mm,如图 15 – 14 所示。门窗洞口四角处,必须加铺 400 mm × 200 mm 的加强玻纤网,位置在紧贴直角处沿 45°方向(图 15 – 15),加强玻纤网置于大面玻纤网的里面;外墙保温层的阳角处宜采用护角条予以加强保护(图 15 – 16)。首层或有特殊要求处,需做双层玻纤网加强时,应在做完单层玻纤网罩面砂浆后,再贴铺一道玻纤网并罩面,总厚度 5 ~ 7 mm。

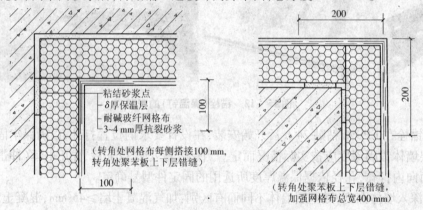

图 15 – 14　外墙阴阳角做法

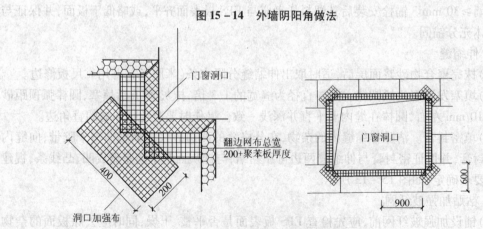

图 15 – 15　门窗洞口玻纤网加强图

（4）通常采用二道抹面砂浆法。用不锈钢抹子在 EPS 板表面均匀涂抹面积略大于一块玻纤网的抹面砂浆,立即将玻纤网压入黏结浆中,不得有空鼓、翘边等现象,待砂浆稍干至可碰触时,在第一遍黏结浆八成干时,立即用抹子涂抹第二道抹面砂浆(图 15－17),直至全部覆盖玻纤网,将玻纤网埋在两道抹面砂浆的中间,两遍抹浆总厚度不宜超过 5 mm。全部抹面砂浆和玻纤网铺设完毕后,静置养护 3 d,方可进行下一道工序的施工。抹面黏结浆施工间歇处最好选择自然断开处,以方便后续施工的搭接,如需在连续的墙面上断开,抹面时应留出间距为 150 mm 的 EPS 板面、玻纤网、抹灰层的阶梯形接槎,以免玻纤网搭接处高出抹灰面。

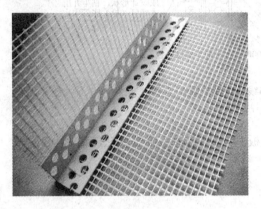

图 15－16　玻纤网 PVC 护角条

图 15－17　二道抹面砂浆法铺设玻纤网

(5)铺设玻纤网的注意点:

①整网间应互相搭接 50～100 mm,分段施工时应预留搭接长度,加强网与网,在对接处应紧密对接;

②在墙体转角处,应用整网铺设,并从每边双向绕角后包墙的宽度不小于 200 mm,加强网应顶角对接铺设;

③铺设玻纤网时,网的弯曲面朝向墙面,抹平时从中央向四周抹,直至玻纤网完全嵌入抹面黏结浆内,不得有裸露的玻纤网;

④玻纤网铺设完毕后,应静置养护不少于 24 h,方可进行下一道工序的施工。当施工环境处于低温潮湿条件下,应适当延长养护时间。

Ⅹ.装饰线

当装饰线条凹进墙面时,在粘贴好的聚苯板面,按设计要求用墨斗弹出分格线,竖向分格线应用线坠或经纬仪校正。用开槽机制出凹槽,凹槽处保温板厚度不得小于 30 mm,然后在凹槽内及四周 100 mm 范围内抹上黏结浆,再压入玻纤网,凹槽周边甩出的玻纤网与墙面粘贴应搭接牢固。

凸装饰线,应在 EPS 板粘贴完后,粘贴加工好的装饰线条,按设计要求用墨斗弹出装饰件的具体位置,最后用黏结浆铺贴玻纤网,并留出不小于 100 mm 的搭接长度,必要时用专用螺栓固定;装饰线的防护砂浆及玻纤网做法同上,玻纤网不断开,如图 15－18 所示。

线条凸出墙面 100 mm 时应加设机械固定件后,直接粘贴在墙体基层上;小于 100 mm 时可粘贴在保温层上,线条表面可按普通外墙保温做法处理。当有滴水线时,要使用开槽机开出滴水槽,余下可参照凹进墙体的装饰线做法处理。

Ⅺ.变形缝的施工

(1)伸缩缝处先做翻包玻纤网,然后再抹防护面层砂浆,缝内可填充聚乙烯材料,严用柔性密封材料填充缝隙。

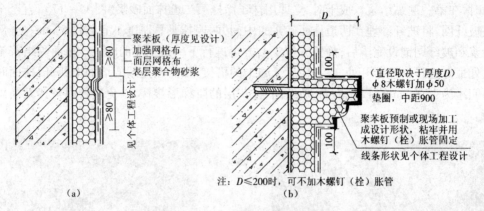

图 15－18　凹凸装饰线做法示意图

(a)凹线条做法　(b)凸线条做法

(2)沉降缝处应根据缝宽和位置设置金属盖板,可参照普通沉降缝做法施工,但必须做好防锈处理。

7. 质量要求与控制

1)一般规定

(1)EPS 板外墙外保温系统施工前,门窗框、阳台栏杆和预埋铁件应安装完毕,并将墙上的施工孔洞堵塞密实。

(2)EPS 板外墙外保温系统施工应在聚苯板粘贴完后进行隐检,抹灰完成后进行验收。

(3)各项目检查数量应符合以下要求:以每 500 ~ 1 000 m² 划分为一个检验批,不足 500 m² 也应划分为一个检验批;每个检验批每 100 m² 应至少抽查一处,每处不得小于 10 m²。

2)主控项目

(1)外墙外保温系统所用材料,应按设计要求选用,并符合本体系及国家有关标准的要求。

(2)EPS 板外墙外保温体系施工前,基层表面的尘土、污垢、油渍等应清除干净。改建的旧房必须通过实测确定基层墙体的附着力。

(3)胶黏剂和聚合物砂浆的配合比应符合 EPS 板外墙外保温体系的要求。

(4)每块聚苯板与墙面总黏结面积不得少于 40%,聚苯板与墙面必须黏结牢固,无松动和虚粘现象。需安装锚固件的墙面,锚固件数量和锚固深度应符合设计与 EPS 板外墙外保温体系的要求。

(5)聚合物砂浆与聚苯板必须黏结牢固,无脱层、空鼓,抹灰面层无爆灰和裂缝等缺陷。

3)一般项目

(1)聚苯板安装应上下错缝,碰头缝不得抹胶黏剂;各聚苯板间应挤紧拼严,接缝平整。

(2)聚苯板安装允许偏差和检验方法应符合表 15－7 的规定。

表 15－7　聚苯板安装允许偏差和检验方法

项次	项目	允许偏差/mm	检查方法
1	表面平整	4	用 2 m 靠尺和楔形塞尺检查
2	立面垂度	4	用 2 m 垂直尺检查

续表

项次	项目	允许偏差/mm	检查方法
3	阴阳角垂直	4	用 2 m 拖线板检查
4	阳角方正	4	用 200 mm 方尺检查
5	接槎高度	1.5	用 2 m 靠尺和楔形塞尺检查

（3）玻纤网应压贴密实，不得有空鼓、皱折、翘曲、外露等现象，搭接长度必须符合规定要求。

（4）抹灰面层应表面洁净、接槎平整。

（5）保温墙面层的允许偏差和检验方法应符合表 15 - 8 的规定。

表 15 - 8　保温墙面层的允许偏差和检验方法

项次	项目	允许偏差/mm	检查方法
1	表面平整	4	用 2 m 靠尺和楔形塞尺检查
2	立面垂度	4	用 2 m 垂直尺检查
3	阳角方正	4	用 200 mm 方尺检查
4	伸缩缝（装饰线）直线度	4	拉 5 m 线，不足 5 m 拉通线，用钢直尺检查

（6）保温墙面层的外饰面质量应符合相应的施工及验收规范的要求。

15.1.2　XPS 挤塑板外保温施工

XPS 板是通过加热挤塑而制成的硬质泡沫材料，如图 15 - 19 所示。相对于 EPS，XPS 具有强度较高、导热系数较小、隔汽性能较好、吸水性低等优点。30 mm 厚的 XPS 保温板，其效果相当于 50 mm 厚 EPS 板、120 mm 厚水泥珍珠岩。

图 15 - 19　挤塑型聚苯乙烯板（XPS）

XPS 板常用规格为（900 ~ 1 200）mm × 600 mm，厚度为 20 ~ 60 mm，密度为 30 ~ 40

kg/m³。XPS 板的性能优于 EPS 板，但价格也高出 1 倍以上，其施工工艺与 EPS 板基本相同。

15.1.3　聚氨酯硬泡体保温施工

1. 聚氨酯硬泡体介绍

聚氨酯硬泡体是目前最理想的保温防水一体化材料，导热系数仅为 EPS 板的 1/2；超强的自黏性能（无须任何中间黏结材料），与屋面及外墙黏结牢固，抗风和抗负风压性能良好；离明火自熄，燃烧时只炭化不滴淌；均匀喷涂在外墙或屋面表面，硬质泡沫形成无缝屋盖和整体外墙保温壳体；防水抗渗性能优异。

聚氨酯硬泡喷涂是用聚氨酯黑白两种料胶体采用高压（大于 10 MPa）无气喷涂机（图 15 - 20），混合式高速旋转及剧烈撞击在枪口上形成均匀细小雾状点滴喷涂在物体表面，几秒内产生无数微小的相连但独立的封闭泡孔结构，整个屋面形成无缝的、渗透深的、黏结牢固的保温防水层，适用范围极其广泛，如图 15 - 21 所示。

图 15 - 20　聚氨酯硬泡高压无气喷涂机

图 15 - 21　屋面防水保温与屋面隔热

施工现场温度不宜低于 15 ℃，空气相对湿度宜小于 85%，风力应小于 3 级，否则聚氨酯硬泡体泡沫在风力作用下会四处飞扬，无法保证聚氨酯硬泡体喷涂层表面呈现连续的、均匀的喷涂波纹，当风力大于 3 级时，应采取挡风措施。

2. 聚氨酯硬泡体外墙保温喷涂施工要点

1）基层处理、弹线

对基层墙面应满涂聚氨酯防潮底漆,防潮底漆涂刷均匀,无漏刷、透底现象。阴阳角处吊垂直厚度控制线,对于墙面宽度≥2 m 处,需再加水平控制线。

2）聚氨酯喷涂

开启喷涂机将硬泡聚氨酯均匀喷涂于墙面,当厚度达到约 10 mm 时,按 500 mm 间距、梅花状分布插定厚度标杆,每平方米密度宜控制在 4～5 根。继续喷涂硬泡聚氨酯至标杆头被发泡材料覆盖为止。施工喷涂可多遍完成,每次喷涂厚度宜控制在 10 mm 之内,如图 15 - 23 所示。

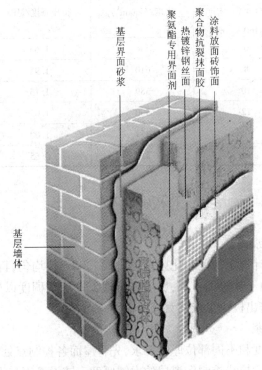

图 15 - 22　聚氨酯外墙保温构造

3）修整保温层及喷刷界面砂浆

喷涂 20 min 后,清理、修整遮挡部位及超过保温层总厚度的突出部分。修整完毕且在喷涂 4 h 后,将聚氨酯界面砂浆喷刷于硬泡聚氨酯保温层表面。

4）抹胶粉聚苯颗粒浆料

用胶粉聚苯颗粒找平浆料做标准厚度冲筋,分两遍抹胶粉聚苯颗粒浆料进行找平,每遍间隔在 24 h 以上。

5）抗裂砂浆层及饰面层施工

找平层施工完 3～7 d 后,即可进行抗裂砂浆层施工。

15.2　屋面节能工程施工

保温屋面的种类一般分为现浇类和保温板类两种。现浇类包括现浇膨胀珍珠岩保温屋面、现浇水泥蛭石保温屋面;保温板类包括硬质聚氨酯泡沫塑料保温屋面、饰面聚苯板保温屋面和水泥聚苯板保温屋面等。

15.2.1 现浇膨胀珍珠岩保温屋面施工

1. 材料要求

现浇膨胀珍珠岩保温屋面用料规格及用料配合比见表 15-9。

表 15-9 现浇膨胀珍珠岩保温屋面用料规格及用料配合比

用料体积比		密度/(kg/m³)	抗压强度/MPa	导热率 λ/(W/(m·K))
水泥(42.5#)	膨胀珍珠岩(密度 120~160 kg/m³)			
1	6	548	1.65	0.121
1	8	610	1.95	0.085
1	10	389	1.15	0.080
1	12	360	1.05	0.074
1	14	351	1.00	0.071
1	16	315	0.85	0.064

保温隔热层的用料体积配合比一般采用 1:12 左右。

2. 施工要点

1)拌和水泥珍珠岩浆

水泥和珍珠岩按设计规定的配合比用搅拌机或人工干拌均匀,再加水拌和。水灰比不宜过高,否则珍珠岩将由于体轻而上浮,发生离析现象。灰浆稠度以外观松散,手捏成团不散,挤不出灰浆或只能挤出极少量灰浆为宜。

2)铺设水泥珍珠岩浆

根据设计对屋面坡度和不同部位厚度要求,先将屋面各控制点处的保温层铺好,然后根据已铺好的控制点的厚度拉线控制保温层的虚铺厚度。铺设厚度与设计厚度的百分比称为压缩率,一般采用 130% 左右。而后进行大面积铺设,铺设后可用木夯轻轻夯实,以铺设厚度夯至设计厚度为控制标准。

3)铺设找平层

珍珠岩灰浆浇捣夯实后,由于其表面粗糙,对铺设防水卷材不利,因此必须再做 1:3 水泥砂浆找平层一层,厚度为 7~10 mm,可在保温层做好后 2~3 d 再做找平层。整个保温隔热层包括找平层在内,抗压强度可达 1 MPa 以上。

4)屋面养护

由于珍珠岩灰浆含水量较少,且水分散发较快,因此保温层应在浇捣完毕一周以内浇水养护。在夏季,保温层施工完毕 10 d 后,即可完全干燥铺设卷材。

15.2.2 现浇水泥蛭石保温屋面施工

1. 材料要求

现浇水泥蛭石保温屋面所用材料主要有水泥和蛭石。其中,水泥的强度等级应不低于

32.5,一般选用42.5普通硅酸盐水泥;膨胀蛭石可选用5~20 mm的大颗粒级配。水泥与膨胀蛭石的体积比一般为1:12,水泥水灰比一般为1:(2.4~2.6)(体积比)。现场检查方法是:将拌好的水泥蛭石浆用手紧捏成团不散,并稍有水泥浆滴下时为宜。现浇水泥蛭石保温屋面施工用料规格和用料配合比见表15-10。

表15-10 现浇水泥蛭石保温屋面施工用料规格及用料配合比

配合比 水泥:蛭石:水 (体积比)	每 m³ 水泥蛭石用料数量		压缩率(%)	1:3水泥砂浆找平层厚度/mm	养护时间/h	表观密度/ (kg/m³)	抗压强度/MPa	导热率/ (W/(m·K))
	水泥/kg	蛭石/L						
1:12:4	C42.5水泥		130	10		290	0.25	0.087
1:10:4	C42.5水泥		130	10		320	0.30	0.093
1:12:3.3	C42.5水泥		140	10		310	0.30	0.0919
1:10:3	C42.5水泥	1300	140	10	112	330	0.35	0.0988
1:12:3	C32.5水泥110		130	15		290	0.25	0.087
1:12:4	C32.5水泥110		130	5		290	0.25	0.087
1:10:4	C32.5水泥110		125	10		320	0.34	0.087

2. 施工要点

1)拌和水泥蛭石浆

水泥蛭石浆一般采用人工拌和的方式。拌和时,先将一定数量的水与水泥调成水泥净浆,然后用小桶将水泥浆均匀地泼在膨胀蛭石上,随泼随拌,拌和均匀。膨胀蛭石用量按下式计算:

$$Q = 150h \qquad (15-1)$$

式中 Q——100 m² 隔热保温层中膨胀蛭石的用量(m³);

h——隔热保温层的设计厚度(m)。

2)设置分仓缝

铺设屋面保温隔热层时,应设置分仓缝,以控制温度应力对屋面的影响。分仓施工时,每仓宽度宜为700~900 mm。一般采用木板分隔,亦可采用特制的钢筋尺控制宽度和铺设厚度。

3)铺设水泥蛭石浆

由于膨胀蛭石吸水较快,施工时宜将原材料运至铺设地点,随拌随铺,以确保水灰比准确和施工质量。铺设厚度一般为设计厚度的130%(不包括找平层),应尽量使膨胀蛭石颗粒的层理平面与铺设平面平行,铺后应用木拍板拍实、抹平至设计厚度。

4)铺设找平层

水泥蛭石浆压实抹平后,应立即抹找平层,不得分两个阶段施工。找平层砂浆配合比为

42.5 水泥: 粗砂: 细砂 = 1:2:1,稠度为 70 ~ 80 mm。找平层抹好后,一般可不必洒水养护。

15.2.3　硬质聚氨酯泡沫塑料保温屋面施工

1. 施工准备

直接喷涂硬质聚氨酯泡沫塑料保温屋面,必须待屋面其他工程全部完工后方可进行。穿过屋面的管道、设备或预埋件,应在直接喷涂前安装好。待喷涂的基层表面应牢固、平整、干燥,无油污、尘灰、杂物。

2. 屋面坡度要求

建筑找坡的屋面(坡度 1% ~3%)及檐口、檐沟、天沟的基层排水坡度必须符合设计要求。结构找坡的屋面檐口、檐沟、天沟的纵向排水坡度不宜小于 5% 。一般在基层上用 1:3 水泥砂浆找坡,亦可利用水泥砂浆保护层找坡。屋面与山墙、女儿墙、天沟、檐沟以及突出屋面结构的连接处应为圆弧形,圆弧半径为 80 ~ 100 mm。屋面上设备、管线等应在聚氨酯硬泡体防水保温喷涂施工前安装就位,避免割破防水保温层的表面。在装配式屋面上,为避免结构变形将硬质聚氨酯泡沫塑料层拉裂,应沿屋面板的端缝铺设一层宽为 300 mm 的油毡条,然后直接喷涂硬质聚氨酯泡沫塑料层,如图 15 -23 和图 15 -24 所示。

图 15 -23　聚氨酯硬泡保温防水屋面喷涂施工

3. 接缝喷涂要求

屋面与突出屋面结构的连接处(泛水处),喷涂在立面上的硬质聚氨酯泡沫塑料层高度不宜小于 250 mm。

4. 喷涂时边缘尺寸要求

直接喷涂硬质聚氨酯泡沫塑料的边缘尺寸界限要求如下。

(1)檐口:喷涂到距檐口边缘 100 mm 处。

(2)檐沟:现浇整体檐沟,喷涂到檐沟内侧立面与檐沟底面交接处;预制装配式檐沟,其沟内两侧立面和底面均要喷涂,并与屋面的硬质聚氨酯泡沫塑料层连接成一体。

(3)天沟:内侧 3 个面均要喷涂,并与屋面的硬质聚氨酯泡沫塑料层连接成一体。

(4)水落口:喷涂到水落口周围内边缘处。

5. 保护层要求

硬质聚氨酯泡沫塑料保温层上面应做水泥砂浆保护层。施工时,水泥砂浆保护层应分格,分格面积≤9 m², 分格缝可用防腐木条,其宽度不大于 15 mm。

图 15 - 24　喷涂施工完的聚氨酯防水保温层

15.2.4　饰面聚苯板保温屋面施工

1. 材料要求

饰面聚苯板保温屋面是用聚苯乙烯泡沫塑料做保温层,其下用 BP 黏结剂与屋面基层黏结牢固,其上面抹用 ST 水泥拌制的水泥砂浆,形成硬质表面,并作为找平层,然后进行上层防水施工的屋面。

饰面聚苯板保温屋面材料的物理和力学性能要求见表 15 - 11。

表 15 - 11　饰面聚苯板保温屋面材料的物理和力学性能指标

项目		指标
聚苯板	密度/(kg/m³)	16 ~ 19
	导热率/(W/(m·K))	0.035
BP 黏结剂	凝结时间/min	>30
	抗压强度/kPa	>4.00
	抗折强度/kPa	>2.50
	黏结强度/kPa	>0.30
ST 水泥	凝结时间/h	>2
	抗压强度/kPa	8.00
	抗折强度/kPa	2.00
	黏结强度/kPa	>0.20
饰面聚苯板抗压强度/kPa		>0.95

2. 施工要点

1) 基层清理

饰面聚苯板铺设前,应先将屋面隔气层清理干净。

2) 铺设聚苯板

铺设聚苯板时,先用料铲或刮刀将膏状 BP 黏结剂均匀地抹在隔气层上,厚度控制在 10

mm 以内,再用辊子找平,然后将聚苯板满贴其上。铺板时,应用手压揉拍打,使板与基层黏结牢固,缝隙内用 BP 黏结剂塞实抹平,所有接缝处需用黏结剂贴一条 100 mm 宽的浸胶耐碱玻璃纤维布,以增强保温层的整体性。BP 黏结剂与水的质量配合比为 1:0.6,用料槽搅拌,并控制每次的拌和料在 40 min 内用完。

3)铺设找平层

ST 水泥砂浆找平层的厚度一般为 20 mm,可在饰面聚苯板铺贴 4 h 后进行。施工时,先将水泥(包括 BP 黏结剂)、细砂和水按 1:2:0.5 的配合比倒入搅拌机中,拌和 5 min 后,出料尽快使用。

找平层施工时,要一次抹平压光,施工人员应站在跳板上操作,以防压裂饰面聚苯板,分仓缝按 60 mm 设置,缝宽 20 mm,缝内填塞防水油膏。完工后 7 d 内必须浇水养护,以防裂缝产生。

15.2.5 水泥聚苯板保温屋面施工

1.水泥聚苯板

水泥聚苯板是由聚苯乙烯泡沫塑料下脚料及回收的旧包装破碎的颗粒,加入适量水泥、EC 起泡剂和 EC 黏结剂,经成型养护而成的板材。

2.施工要点

1)基层准备

铺设水泥聚苯板前,宜于隔气层上均匀涂刷界面处理剂,其配合比为水:EC 黏结剂 = 1:1。

2)铺设保温板材

铺板施工时,先于界面处理剂上铺 10 mm 厚 1:3 水泥砂浆结合层,然后将保温板材平稳地铺压在其上。板与板间自然接铺,对缝或错缝铺砌均可,缝隙用砂浆填塞。为防止大面积屋面热胀冷缩引起开裂,施工时按 ≤700 m^2 的面积断开,并做通气槽和通气孔,以确保质量。

3)铺设水泥砂浆找平层

水泥聚苯板上抹水泥砂浆找平层是在板材铺设 0.5 d 后,在板面适量洒水湿润,再在其上刷界面处理剂,其配合比为 1:2.5。第一遍厚 8~10 mm,用刮杆摊平,木抹压实;第二遍在 24 h 后,厚度为 15~20 mm。找平层分格缝(纵横间距)按 60 mm 设置,缝宽 20 mm,缝内填塞防水油膏。完工后 7 d 内必须浇水养护,以防裂缝产生。

15.2.6 屋面节能工程质量要求及检查方法

屋面节能工程施工中,应及时对屋面基层、保温隔热层、保护层、防水层、面层等材料和构造进行检查。其主要检查内容包括:

(1)基层;

(2)保温层的铺设方式、厚度,板材缝隙填充质量;

(3)屋面热桥部位;

(4)隔气层。

一般屋面基层施工完毕,才进行屋面保温隔热工程的施工,因此应先检查屋面基层的施工质量。常见的屋面保温材料包括松散保温材料、现浇保温材料、喷涂保温材料、板材、块材等,为避免保温隔热层受潮、浸泡或受损,屋面保温隔热层施工完成后,应及时进行找平层和防水层的施工。

1. 主控项目质量要求及检查方法

（1）用于屋面节能工程的保温隔热材料，可通过观察、尺量检查及核查质量证明文件等方法进行检查，应确保其品种、规格符合设计要求和相关标准的规定。

（2）屋面节能工程使用的保温隔热材料，可通过核查其质量证明文件及进场复验报告的方法检查，以保证其导热系数、密度、抗压强度或压缩强度、燃烧性能符合设计要求。

（3）屋面节能工程使用的保温隔热材料，可采取随机抽样送检、核查复验报告等方法，在材料进场时对其导热系数、密度、抗压强度或压缩强度、燃烧性能进行复验。

（4）屋面保温隔热层的铺设方式、厚度、缝隙填充质量及屋面热桥部位的保温隔热做法，可采取观察、尺量检查等方法，使其符合设计要求和有关标准的规定。

（5）屋面的通风隔热架空层，其架空高度、安装方式、通风口位置及尺寸应符合设计及有关标准要求。架空层内不得有杂物，架空面层应完整，不得有断裂和露筋等缺陷。可采用观察、尺量检查等方法进行检查。

（6）采光屋面的传热系数、遮阳系数、可见光透射比、气密性应符合设计要求。节点的构造做法、采光屋面可开启部位应符合设计和相关标准的要求。可采取核查质量证明文件、观察检查等方法进行检查。

（7）采光屋面的安装应牢固，坡度应正确，封闭应严密，嵌缝处不得渗漏。可采取观察、尺量检查、淋水检查、核查隐蔽工程验收记录等方法进行控制。

（8）屋面的隔气层位置应符合设计要求，隔气层应完整、严密。可通过对照设计观察检查、核查隐蔽工程验收记录等方法进行检查。

2. 一般项目质量要求及检查方法

（1）屋面保温隔热层应按施工方案施工，并应符合下列规定：

①松散材料应分层铺设，按要求压实，表面平整，坡向正确；

②现场采用喷、浇、抹等工艺施工的保温层，其配合比应计量准确、搅拌均匀、分层连续施工，表面平整，坡向正确；

③板材应粘贴牢固，缝隙应严密、平整，其检查方法是观察、尺量、称重。

（2）金属板保温夹芯屋面应铺装牢固、接口严密、表面洁净、坡向正确。可通过观察、尺量检查和核查隐蔽工程验收记录的方法进行检查。

（3）当坡屋面、内架空屋面采用铺设于屋面内侧的保温材料做保温隔热层时，保温隔热层应有防潮措施，其表面应有保护层，保护层的做法应符合设计要求。可通过观察检查和核查隐蔽工程验收记录的方法进行检查。

复习思考题

1. 简述 EPS 板薄抹灰外墙外保温的构造和技术特点。

2. 简述 EPS 板薄抹灰外墙外保温施工工艺流程及要点。

3. 简述胶粉聚苯颗粒外墙外保温的施工要点。

4. 简述膨胀珍珠岩保温屋面的施工要点。

5. 简述聚氨酯泡沫塑料保温屋面的施工要点。

6. 简述聚苯板保温屋面的施工安装要点。

7. 简述屋面节能工程主控项目的质量要求。

第16章 钢结构工程

钢结构是由钢板、热轧型钢和冷加工成型的薄壁型钢等钢材制造成钢构件经拼装而成的结构形式,所用钢材主要是钢板和型钢。与其他结构相比,钢结构具有强度高、材质均匀、自重轻、抗震性能好、制作简便多样、施工周期短等优点;但其耐腐蚀性和耐火性较差。目前,钢结构主要运用于重型厂房结构,承受振动荷载影响的结构,大跨结构,多层、高层和超高层结构,塔桅结构,可拆卸或移动的结构和其他构筑物(栈桥、管道支架)等。

钢材可加工成多种构件,如图 16-1、图 16-2、图 16-3 和图 16-4 所示。

图 16-1　箱型柱、吊车梁

图 16-2　钢管柱、格构式管柱

图 16-3　钢桁架、蜂窝梁

图 16－4　钢楼承板、自然通风器

16.1　钢结构用钢

16.1.1　钢材

在钢结构中采用的钢材主要有两种,即碳素结构钢和低合金结构钢。

1. 碳素结构钢

普通碳素钢是普通碳素结构钢的简称,按其屈服强度等级分为 Q195、Q215、Q235、Q255、Q275 五个牌号。钢结构常用的牌号为 Q235 钢。钢的牌号由代表屈服点的字母、屈服点数值、质量等级符号、脱氧方法符号等四个部分按顺序组成。如 Q235AF,"Q"是钢材屈服点;"235"为该牌号钢的屈服点数值,表明该钢材的屈服强度为 235 MPa;"A"为钢材的质量等级符号,共分为 A, B, C, D 四个等级,"A"级为最低等级,"D"级为最高等级;"F"表明该钢材为沸腾钢,如图 16－5 所示。钢材牌号尾部若标明"b"字母,则表明该钢材为半镇静钢;"Z"字母代表镇静钢;"TZ"代表特殊镇静钢。在钢的牌号组成表示方法中,"Z"与"TZ"符号予以省略,"F""b"和"TZ"符号表明钢锭浇铸时的脱氧程度。

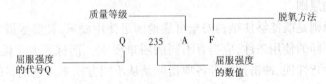

图 16－5　碳素结构钢牌号标注示意图

镇静钢是用铝、硅等充分脱氧的钢,浇铸时放出气体少,质量好,但价格贵。沸腾钢是用锰铁脱氧的钢,由于脱氧不充分,浇铸时在钢锭中有沸腾现象,质量不够均匀,但生产率较高。介于镇静钢和沸腾钢之间的是半镇静钢。

2. 优质碳素结构钢

优质碳素结构钢按国家相关标准的规定,分为优质钢、高级优质钢 A 和特级优质钢 E 三个质量等级。优质钢的牌号多以平均含碳量的百分数表示,如牌号 45 的优质钢,其含碳量为 0.42% ~0.50% ;也有的牌号后面加 Mn,F,如 10F,40Mn 钢等。优质钢硫、磷的含量都不超过 0.035% 。优质碳素结构钢在建筑工程中应用较少,在高强度螺栓中有应用,如其螺栓、螺母和垫圈有的即采用牌号 45,35 的优质碳素结构钢。

3. 低合金结构钢

低合金结构钢的化学成分与碳素结构钢相似,但加入了少量的合金元素。合金元素总量低于 5% 的钢,称为低合金结构钢;高于 5% 的钢,称为高合金结构钢。建筑结构中仅用低合金结构钢,其牌号如图 16-6 所示。由于受生产和使用经验的影响,钢结构设计规范推荐使用的低合金结构钢有两种:16 Mn(16 锰)钢和 15 MnV(15 锰钒)钢。低合金结构钢的牌号前两位数表示平均含碳量的万分数;后面再标出所含合金元素的符号,当其含量低于 1.5% 时只列元素的符号,高于 1.5% 时在元素符号后列百分之几并取整数。如 16 Mn,表示其含碳量为 0.16%,主要合金元素为锰,且合金含量低于 1.5%。16 Mn 和 15 MnV 的屈服强度比 Q235 分别高出 47% 和 66%,并具有较好的韧性、塑性和加工性能,是强度高且综合使用性能较好的钢材,用于钢结构中可比碳素结构钢节约材料 15% ~ 25%。

图 16-6　低合金结构钢牌号示意图

4. 耐大气腐蚀用钢

耐大气腐蚀用钢即耐候钢,是介于普通钢和不锈钢之间的低合金钢系列。耐候钢由普碳钢添加少量铜、镍等耐腐蚀元素而成,具有优质钢的强韧、塑延、成型、焊割、磨蚀、高温、抗疲劳等特性。同时,它具有耐锈和使构件抗腐蚀延寿、减薄降耗、省工节能等特点。耐候钢主要用于铁道、车辆、桥梁、塔架等长期暴露在大气中使用的钢结构,还用于制造集装箱、铁道车辆、石油井架、海港建筑、采油平台及化工石油设备中含硫化氢腐蚀介质的容器等结构件。

16.1.2　钢材的选择

1. 钢材选择的原则

钢材选择的原则是既能够使结构安全可靠地满足使用要求,又要尽最大可能节约钢材、降低造价。对于不同的使用条件,应当有不同的质量要求。钢材的力学性质中,屈服点、抗拉强度、伸长率、冷弯性能、冲击韧性等各项指标是从不同方面来衡量钢材的质量。

2. 钢材选择时应考虑的因素

1)结构的类型和重要性

结构构件按其用途、部位和破坏后果的严重性,可分为重要的、一般的和次要的三类,相应的安全等级则为一级、二级和三级。大跨度屋架、重型工作制吊车梁等按一级考虑,采用质量好的钢材;一般的屋架、梁和柱按二级考虑;梯子、平台和栏杆按三级考虑,可选择质量较低的钢材。

2)荷载的性质

按结构所承受荷载的性质,荷载可分为静力荷载和动力荷载两种受力状态。承受动力荷载的结构或构件中,又有经常满载(重级工作制)和不经常满载(中、轻级工作制)的区别。因此,荷载性质不同,应选用不同的钢材,并提出不同的质量保证项目。

　　3）连接的方法

　　钢结构的连接方法有焊接和非焊接（紧固件）连接之分。焊接结构时会产生焊接应力、焊接变形和焊接缺陷，导致构件产生裂纹和裂缝，甚至发生脆性断裂。因此，在焊接钢结构中对钢材的化学成分、力学性能和可焊性都有较高的要求，如钢材的碳、硫、磷的含量要低，塑性、韧性要好等。

　　4）工作条件

　　结构所处的工作环境和工作条件，如室内外的温度变化、腐蚀作用等，对钢材有很大的影响，故应对其塑性、韧性和抗腐蚀性提出相应的要求。

16.1.3　钢材的规格

　　钢结构所用的钢材主要为钢板和型钢。型钢又分为热轧成型和冷弯成型两种。常用钢材如图 16 – 7、图 16 – 8 和图 16 – 9 所示。

图 16 – 7　钢管、槽钢

图 16 – 8　角钢、工字钢、H 型钢和钢丝绳

图 16 – 9　钢带和钢板

1. 热轧钢板

薄钢板:0.35 ~ 4 mm。

中钢板:4.5 ~ 25 mm。

厚钢板:28 ~ 100 mm。

特厚钢板: > 100 mm,宽度 300 ~ 1 500 mm,长度 4 ~ 12 m。

2. 热轧型钢

角钢有等边和不等边两种。等边角钢(等肢角钢)以边宽和厚度表示,如∟ 100 × 10 为肢宽 100 mm、厚 10 mm 的角钢。不等边角钢(不等肢角钢)则以两边宽度和厚度表示,如∟ 100 × 80 × 8 等。中国目前生产的等边角钢,肢宽为 20 ~ 200 mm,不等边角钢的肢宽为 25 mm × 16 mm ~ 200 mm × 125 mm,如图 16 – 10(a)所示。

槽钢中国有两种尺寸系列,即热轧普通槽钢与普通低合金钢热轧轻型槽钢。前者用 Q235 号钢轧制,表示法如[30a,指槽钢外廓高度为 30 cm 且腹板厚度为最薄的一种;后者的表示法如[25Q,表示外廓高度为 25 cm,Q 是汉语拼音"轻"的字首。同样号数时,轻型槽钢由于腹板薄及翼缘宽而薄,故截面面积小但回转半径大,能节约钢材、减小自重,如图 16 – 10(c)所示。

工字钢与槽钢相同,也分为上述的两个尺寸系列。普通型的工字钢由 Q235 号钢热轧而成。与槽钢一样,工字钢外廓高度的厘米数即为型号。轻型工字钢由于壁厚薄而不再按厚度划分。两种工字钢表示为 I32c 和 I32Q 等,如图 16 – 10(b)所示。

此外,还有 H 型钢和 T 字钢。H 型钢又称宽翼缘工字钢,其翼缘较一般工字钢宽,因此在宽度方向的惯性矩和回转半径大大增加,且其内、外表面平行,便于与其他构件连接。

3. 薄壁型钢

薄壁型钢是采用 1.5 ~ 5 mm 厚的薄钢板或钢带冷弯加工成各种截面的型钢所构成的结构,其优点如下。

(1)用钢量一般较普通热轧钢结构节省 25% 左右,有时还可以做到比同等条件下的钢筋混凝土结构(如大型屋面板)的用钢量少。

(2)结构质量轻,运输安装方便,可降低结构及基础的造价。

(3)同截面面积相同的热轧型钢相比,薄壁型钢回转半径要大 50% ~ 60%,惯性矩和截面抵抗矩也大为加大,因而更能充分地利用材料的物理力学性能,增加了结构的刚度和稳定性。

(4)成型灵活性大,可根据不同需要设计出最佳的截面形状。

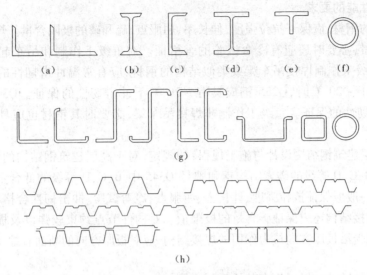

图 16 – 10　各类型钢构件剖面示意图

(a)角钢　(b)工字钢　(c)槽钢　(d)H 型钢

(e)T 字钢　(f)钢管　(g)冷弯薄壁型钢　(h)压型钢板

薄壁型钢结构的缺点是:刚度和稳定性较差,防腐要求较严,维护费用较高。此种结构一般用于民用建筑和跨度不大、屋面荷载较小、设备较轻的工业厂房。除用作承重结构构件外,也可用于楼/屋面板、幕墙结构等。使用时构件均需彻底除锈和涂刷防腐性能良好的涂料。

16.1.4　建筑钢材的选择和代用

各种结构对钢材各有要求,选用时根据要求对钢材的强度、塑性、韧性、耐疲劳性能、焊接性能、抗锈性能等全面考虑。对厚钢板结构、焊接结构、低温结构和采用含碳量高的钢材制作的结构,还应防止脆性破坏。

1. 结构钢材的选择原则

结构钢材的选择应符合图纸设计要求的规定,表 16 – 1 为一般结构钢材的选择原则。

表 16 – 1　一般结构钢材的选择原则

项次	结构类型		计算温度	选用牌号
1	焊接结构	直接承受动力荷载的结构	重级工作制吊车梁或类似结构	—	Q235 镇静钢或 Q345 钢
2			轻、中级工作制吊车梁或类似结构	等于或低于 – 20 ℃	同 1 项
3				高于 – 20 ℃	Q235 沸腾钢
4		承受静力荷载或间接承受动力荷载的结构		等于或低于 – 20 ℃	同 1 项
5				高于 – 30 ℃	同 3 项
6	非焊接结构	直接承受动力荷载的结构	重级工作制吊车梁或类似结构	等于或低于 – 20 ℃	同 1 项
7			轻、中级工作制吊车梁或类似结构	高于 – 20 ℃	同 3 项
8				—	同 3 项
9		承受静力荷载或间接承受动力荷载的结构		—	同 3 项

2. 对钢材性能的要求

承重结构的钢材,应保证抗拉强度、伸长率、屈服点、硫和磷的极限含量。焊接结构应保证碳的极限含量,必要时还应有冷弯试验的合格证。对重级工作制和吊车起质量等于或大于 50 t 的中级工作制焊接吊车梁或类似结构的钢材,应有常温冲击韧性的保证。计算温度等于或低于 –20 ℃时,Q235 钢应具有 –20 ℃下冲击韧性的保证。Q345 钢应具有 –40℃下冲击韧性的保证。重级工作制非焊接吊车梁,必要时其钢材也应具有冲击韧性的保证。

根据《高层建筑钢结构设计与施工规程》的规定,对于高层建筑钢结构的钢材,宜采用牌号 Q235 中 B、C、D 等级的碳素结构钢和牌号 Q345 中 B、C、D 等级的低合金结构钢。承重结构的钢材一般应保证抗拉强度、伸长率、屈服点、冷弯试验、冲击韧性合格和硫、磷含量的极限值,对焊接结构还应保证碳含量的极限值。对构件节点约束较强以及板厚等于或大于 50 mm,并承受沿板厚方向拉力作用的焊接结构,应对板厚方向的断面收缩率加以控制。

16.2 钢结构构件的存储和制作

16.2.1 钢材的存储

1. 钢材的检验

钢材在正式入库前必须严格执行检验制度,钢材验收制度是保证钢结构工程质量的重要环节,经检验合格的钢材可办理入库手续。钢材检验的主要内容如下。

(1)质量证明文件:核查钢材的数量、品种与订货合同是否相符;钢材进场应有随货同行的质量保证书,可根据国标《碳素结构钢》(GB/T 700—2006)和《低合金高强度结构钢》(GB/T 1591—2008)中的规定,核对钢材的各项指标;核查钢材的质量保证书与钢材上打印的记号是否符合;钢厂提供的证明书若由材料供应部门保存,钢结构制造单位可抄录存档;进口钢材应有国家商检部门的复验报告。

(2)外观检查:检验钢材表面质量,钢材端边或断口处不应有分层、夹渣等缺陷;钢材表面有锈蚀、麻点或划痕等缺陷时,其深度不得大于该钢材厚度允许偏差值的 1/2,且锈蚀等级应在 C 级及 C 级以上;不论扁钢、钢板或型钢,表面均不允许有结疤、裂纹、折叠和分层等缺陷;有上述缺陷者应另行堆放,以便研究处理。

(3)允许偏差抽查:钢板抽查厚度,型钢抽查规格尺寸,每一品种、规格各抽查 5 处。

(4)抽样复验:国外进口钢材、钢材混批、板厚≥40 mm 且有 Z 向性能要求的厚板、结构安全等级为一级大跨度结构中主要受力构件采用的钢材、设计有复验要求的钢材、对质量有疑义的钢材应进行抽样复验。

2. 钢材的堆放要求

钢材的堆放要尽量减少钢材的变形和锈蚀;钢材堆放时每隔 5 ~ 6 层放置楞木,其间距以不引起钢材明显的弯曲变形为宜,楞木上、下要对齐,且处于同一垂直面内;考虑材料堆放之间留有一定宽度的通道以便运输。

钢材堆放要减少钢材的变形和锈蚀,节约用地,也要使钢材提取方便。露天堆放时,堆放场地要平整,并高于周围地面,四周有排水沟,雪后易于清扫;堆放时尽量使钢材截面的背面向上或向外,以免积雪、积水,如图 16 – 11 所示。

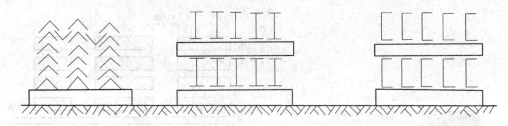

图 16 – 11　钢材露天堆放

钢材堆放在有顶棚的仓库内时,可直接堆放在地坪上(下垫楞木),对小钢材亦可堆放在架子上,堆与堆之间应留出通道,如图 16 – 12 所示。

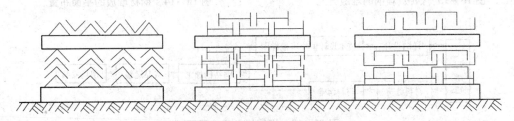

图 16 – 12　钢材在仓库内堆放

为增加钢材堆放的稳定性,可使钢材互相勾连,或采取其他措施。这样钢材的堆放高度可达到所堆宽度的两倍;否则,钢材堆放的高度不应大于其宽度。一堆内上、下相邻的钢材必须前后错开,以便在其端部固定标牌和编号。标牌应标明钢材的规格、钢号、数量和材质验收证明书号,并在钢材端部根据其钢号涂以不同颜色的油漆,油漆的颜色可按表 16 – 2 选择。

表 16 – 2　钢材钢号和油漆颜色对照表

钢号	Q195	Q215	Q235	Q255	Q275	Q345
油漆颜色	白色 + 黑色	黄色	红色	黑色	绿色	白色

钢材的标牌应定期检查。选用钢材时,要顺序寻找,不准乱翻。角钢、槽钢和工字钢等的堆放可按图 16 – 11 和图 16 – 12 给出的方式。钢板和扁钢的堆放方式如图 16 – 13 所示。考虑堆放钢材便于搬运,要在料堆之间留有一定宽度的通道,如图 16 – 14 所示。

16.2.2　钢结构构件的加工制作

在国际上,钢结构工程的详图设计一般多由加工单位负责完成。目前,国内一些大型工程亦逐步采用这种做法。为适应这种新的要求,一项钢结构工程的加工制作,一般应遵循下述的工作顺序,如图 16 – 15 所示。

钢结构构件制作一般在工厂进行,包括放样、号料、切割下料、边缘加工、弯卷成型、折边、校正、防腐与涂饰等工艺过程。

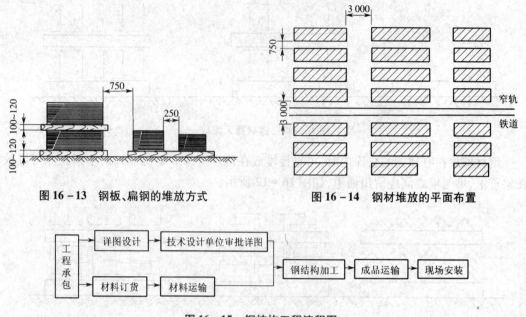

图 16 - 13　钢板、扁钢的堆放方式　　　　图 16 - 14　钢材堆放的平面布置

图 16 - 15　钢结构工程流程图

1. 放样与号料

1) 放样

根据产品施工详图或零、部件图样要求的形状和尺寸,按 1∶1 的比例把产品或零、部件的实体画在放样台或平板上,求取实长并制成样板的过程称为放样。对复杂的壳体零、部件,还需作图展开。有条件时应采用计算机辅助设计。

样板可采用厚 0.50 ~ 0.75 mm 的薄钢板或塑料板制作,样杆一般采用薄钢板或扁钢制作,当长度较短时可用木尺杆。

放样工作包括:核对图纸的安装尺寸和孔距;以 1∶1 的大样放出节点;核对各部分的尺寸;制作样板和样杆作为下料、弯制、铣、刨、制孔等加工的依据。

放样号料用的工具及设备有划针、冲子、手锤、粉线、弯尺、直尺、钢卷尺、大钢卷尺、剪刀、小型剪板机、折弯机。

用作计量长度依据的钢盘尺,特别注意应用经授权的计量单位计量,且附有偏差卡片。使用时按偏差卡片的记录数值校对其误差数。高层钢结构制作、安装、验收及土建施工用的量具,必须用同一标准进行鉴定,应具有相同的精度等级。

样板、样杆上应注明工号、图号、零件号、数量及加工边、坡口部位、弯折线和弯折方向、孔径和滚圆半径等。样板和样杆应妥善保存,直至工程结束以后方可销毁。样板的精度要求见表 16 - 3。

表 16 - 3　样板的精度要求

偏差名称	平行线距离和分段尺寸	宽、长度	孔距	两对角线差	加工样板角度
偏差极限	±0.5 mm	±0.5 mm	±0.5 mm	1.0 mm	±20′

放样时,铣、刨的工件要考虑加工余量,焊接构件要按工艺要求放出焊接收缩量。由于

铣、刨时常成叠加工,尤其当长度较大时不易对齐,所有加工边一侧一般要留加工余量5 mm。焊接收缩量一般受焊肉大小、气候、施焊工艺和结构断面等因素的影响变化较大。

2)号料

号料(也称画线),即利用样板、样杆或根据图纸,在板料及型钢上画出孔的位置和零件形状的加工界线并打上各种加工记号,为钢材的切割下料作准备,如图16-16所示。号料的一般工作内容包括:检查核对材料;在材料上划出切割、铣、刨、弯曲、钻孔等加工位置;打冲孔;标注出零件的编号等。号料一般先根据料单检查清点样板和样杆、点清号料数量、准备号料的工具、检查号料的钢材规格和质量,然后依据先大后小的原则依次号料。号料完毕,应在样板、样杆上注明并记下实际数量。为了合理使用和节约原材料,必须最大限度地提高原材料的利用率。常用号料方法有以下几种。

图16-16　加工现场工人在号料

Ⅰ.集中号料法

把同厚度的钢板零件和相同规格的型钢零件,集中在一起进行号料。

Ⅱ.套料法

精心安排板料零件的形状位置,把同厚度的各种不同形状的零件,组合在同一材料上,进行"套料"。

Ⅲ.统计计算法

在线形材料(如型钢)下料时,将所有同规格零件归纳在一起,按零件的长度以先长后短的顺序排列,根据最长零件号料算出余料的长度,排上次长的零件,直至整根料被充分利用为止。

Ⅳ.余料统一号料法

在号料后剩下的余料上进行较小零件的号料。若表面质量满足不了质量要求,钢材应进行校正,钢材和零件的校正应采用平板机或型材矫直机进行,较厚钢板也可用压力机或火焰加热进行,尽量避免用手工锤击校正法。碳素结构钢在环境温度低于-16 ℃,低合金结构钢在环境温度低于-12 ℃时,不应进行冷校正和冷弯曲。修正后的钢材表面,不应有明显的凹面和损伤,表面划痕深度不得大于0.5 mm,且不应大于该钢材厚度正负允许偏差的

1/2。

3）画线

利用加工制作图、样杆、样板和钢卷尺进行画线。目前已有一些先进的钢结构加工厂采用程控全自动画线机，不仅效率高，而且精确、省料。

2. 切割下料

切割是将放样和号料的零件从原材料上进行下料分离。常用的切割方法有气割、机械剪切和等离子切割三种方法。

1）气割下料

利用氧气与可燃气体混合产生的预热火焰加热金属表面达到燃烧温度，并使金属发生剧烈的氧化放出大量的热，促使下层金属也自行燃烧，同时通以高压氧气射流，将氧化物吹出而形成一条狭小而整齐的割缝。

气割法有手动气割、半自动气割和自动气割，如图 16–17 所示。手动气割割缝宽度为 4 mm，自动气割割缝宽度为 3 mm。气割法设备灵活、费用低廉、精度高，能切割各种厚度的钢材，是目前使用最广泛的切割方法。如加以适当改进，即可发挥更大的作用，尤其是带曲线的零件或厚钢板。如罐类封头的割齐工作，可用车平圆板（放在罐封头内）加半自动切割机，利用平板的平面和中心孔作圆心，半自动气割机在板上走过一圈即将封头切割整齐，或者利用固定的手工割炬，把封头放在水平转胎上，找正中心，当封头随转胎转动一周，割炬进行切割，同样可以达到切割整齐的目的。

图 16–17　气割下料和电脑切割生产线

2）机械剪切下料

机械剪切下料通过冲剪、切削、摩擦等机械过程来实现，如图 16–18 所示。

（1）冲剪切割：当钢板厚度小于 120 mm 时，采用剪板机、联合冲剪机切割钢材，速度快、效率高，但切口略粗糙。

（2）切削切割：采用弓锯床、带锯机等切削钢材，精度较好。

（3）摩擦切割：采用摩擦锯床、砂轮切割机等切割钢材，速度快，但切口不够光洁且噪声大。

3）等离子切割下料

利用高温高速的等离子焰流将切口处金属及其氧化物熔化并吹掉来完成切割，能切割任何金属，特别是熔点较高的不锈钢及有色金属铝、铜等，如图 16–19 和图 16–20 所示。

图 16 - 18　液压联合冲剪机、锯床

图 16 - 19　等离子切割机

图 16 - 20　数控等离子切割机

3. 构件加工

1）边缘加工

对于尺寸精度要求高的腹板、翼缘板、加劲板、支座支撑面和有技术要求的焊接坡口，需要对剪切或气割过的钢板边缘进行加工。边缘加工方法有铲边、刨边、铣边和碳弧气刨边，如图 16 - 21 所示。

2）弯卷成型

Ⅰ. 钢板卷曲

钢板卷曲是通过旋转辊轴对板料进行连续三点弯曲，如图 16 - 22 所示。钢板卷曲包括预弯、对中和卷曲三个过程。

（1）预弯：钢板在卷板机上卷曲时，两端边缘总有卷不到的部分，即剩余直边，通过预弯可消除剩余直边。

（2）对中：为防止钢板在卷板机上卷曲时发生歪扭，应将钢板对中，使钢板的纵向中心线与滚筒轴线保持严格的平行。

（3）卷曲：对中后，利用调节辊筒的位置使钢板发生初步的弯曲，然后来回滚动而卷曲。

Ⅱ. 型钢和钢管弯曲

型钢弯曲机和全自动弯管机如图 16 - 23 所示。

（1）型钢弯曲时断面会发生畸变，弯曲半径越小，畸变越大，应控制型钢的最小弯曲半径。构件的曲率半径较大，宜采用冷弯；构件的曲率半径较小，宜采用热弯。

(a)　　　　　　　　　　(b)

(c)

图 16 – 21　边缘加工

(a)端面铣机　(b)滚剪倒角机　(c)钢板铣边机

图 16 – 22　钢板卷曲

（2）钢管在自由状态下弯曲时截面会变形,外侧管壁会减薄,内侧管壁会增厚。弯制方法为在管中加入填充物(砂)或穿入芯棒进行弯曲,或用滚轮和滑槽在管外进行弯曲。弯曲半径不大于管径的 3.5 倍(热弯)到 4 倍(冷弯)。

Ⅲ.折边

把构件的边缘压弯成倾角或一定形状的操作过程称为折边。折边可提高构件的强度和

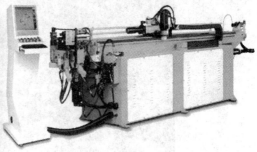

图 16 -23　型钢弯曲机和全自动弯管机

刚度。弯曲折边利用折边机进行,图 16 -24 所示为液压板料折边机。

Ⅳ. 制孔

制孔包括铆钉孔、螺栓孔,可钻可冲。钻孔用钻孔机进行,能用于钢板、型钢的孔加工;冲孔用冲孔机进行,一般只能在较薄的钢板、型钢上冲孔,且孔径一般不大于钢材的厚度。常用的制孔设备有钻床、手提式三相电钻、手提式单相电钻、数控钻床(图 16 -25)、磁座钻。施工现场的制孔可用电钻、风钻等加工。

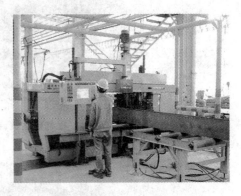

图 16 -24　液压板料折边机　　　　　图 16 -25　数控三维钻孔机

4. 构件校正

钢材在存放、运输、吊运和加工成型过程中会变形,必须对不符合技术标准的钢材、构件进行校正,如图 16 -26 所示。钢结构的校正是通过外力或加热作用迫使钢材反变形,使钢材或构件达到技术标准要求的平直或几何形状。校正的方法有火焰校正(亦称热校正)、机械校正和手工校正(亦称冷校正)。

1)火焰校正

当钢材型号超过校正机负荷能力或构件形式不适于采用机械校正时,采用火焰校正,如图 16 -27 所示。钢材受热以 $1.2 \times 10^{-5}/℃$ 的线膨胀率向各方向伸长。由于周围物体对受热处物体的限制,受热物体受到压缩,当冷却时就会比原来的长度有所减少,故收缩后的长度比未受热前有所缩短。这种特性就为火焰校正提供了可能。用此法校正时,在适当位置对构件进行火焰加热,当构件冷却时即产生很大的冷缩应力,达到校正变形的目的。

火焰校正常用的加热方法有点状加热、线状加热和三角形加热三种。点状加热根据结构特点和变形情况,可加热一点或数点。线状加热时,火焰沿直线移动或同时在宽度方向作

图 16 - 26　板材校正机、钢管矫直机和 H 型钢翼缘校正机

图 16 - 27　火焰校正现场作业图

横向摆动,宽度一般为钢材厚度的 0.5~2 倍,多用于变形量较大或刚性较大的结构。三角形加热的收缩量较大,常用于校正厚度较大、刚性较强构件的弯曲变形。

影响火焰校正效果的因素有火焰加热位置、加热的形式、加热的温度。

火焰校正加热的温度,对于低碳钢和普通低合金钢的热校正加热温度一般为 600~900 ℃,800~900 ℃是热塑性变形的理想温度,但不得超过 900 ℃。

2) 机械校正

机械校正是通过专用校正机使弯曲的钢材在外力作用下产生过量的塑性变形,以达到平直的目的,如图 16-28 所示。

图 16-28　液压校正机

拉伸机校正用于薄板扭曲、型钢扭曲、钢管、钢带、线材等的校正。

压力机校正用于板材、钢管和型钢的校正。

多辊校正机(图 16-29)用于型材、板材等的校正,利用上、下两排辊子将型钢的弯曲部分校正调平。端部副辊可以单调,使输出的型钢达到平直。辊式型钢校正机的效率很高,但通用性较差,除角钢外,必须采用专门断面的辊子,因此多用于轧钢工厂。

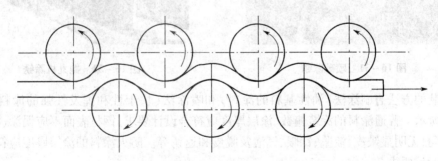

图 16-29　多辊式平板校正机示意图

3) 手工校正

手工校正采用锤击的方法进行,操作简单灵活。由于校正力小、劳动强度大、效率低,而用于校正尺寸较小的钢材,或校正设备不便使用时采用,如图 16-30 所示。

图 16-30 手工校正——锤击法

5.除锈、防腐与涂饰

钢结构的防腐与涂饰包括普通涂料涂装和防火涂料涂装。涂装前,钢材表面应先除锈。

钢材除锈方法有喷砂(图 16-31)、抛丸(图 16-32)、酸洗以及钢丝刷人工除锈、现场砂轮打磨等。抛丸除锈是最理想的除锈方式。

图 16-31 喷砂除锈

图 16-32 抛丸机除锈

涂装的方法有刷涂法(油性基料的涂料)和喷涂法(快干性和挥发性强的涂料),如图 16-33 所示。普通涂料的涂装遍数、涂层厚度应符合设计要求,钢材表面不应误涂、漏涂,涂层应均匀,无明显皱皮、流坠、针眼、气泡及脱皮和返锈等。防火涂料的涂层厚度应符合耐火极限的设计要求。

16.3 钢结构构件的焊接

钢结构的连接是采用一定方式将各个杆件连成整体。杆件间要保持正确的相互位置,以满足传力和使用要求;连接部位应有设计规定的静力强度和疲劳强度。连接是钢结构设计和施工中的重要环节。一个好的连接,应当符合安全可靠、节省钢材、构造简单和施工方便的原则。

图 16 – 33　喷涂法进行涂装

钢结构的连接方法有焊接、铆接、普通螺栓（A 级、B 级和 C 级）连接以及射钉、自攻钉、拉铆钉和高强螺栓连接等，其优缺点和适用范围如表 16 – 4 所示。目前应用最多的是焊接和高强螺栓连接，各种焊接方法的特点和适用范围见表 16 – 5。

表 16 – 4　各种钢结构连接方法的优缺点及适用范围

连接方法		优缺点	适用范围
焊接		1. 构造简单，加工方便，易于自动化施工； 2. 不削弱杆件截面，可节约钢材； 3. 对疲劳较敏感	除少数直接承受动力荷载的结构的连接（如繁重工作制吊车梁与有关构件的连接）在目前不宜使用焊接外，可广泛用于工业与民用建筑钢结构中
铆接		1. 韧性和塑性较好，传力可靠，质量易检查； 2. 构造复杂，用钢量多，施工麻烦	1. 用于直接承受动力荷载的钢结构连接； 2. 根据荷载、计算温度和钢号宜选用铆接的钢结构
普通螺栓	C 级	1. 栓径与孔径间有较大空隙，结构拆装方便； 2. 只能承受拉力； 3. 费料	1. 适用于安装连接和需要装拆的结构； 2. 用于承受拉力的连接，如有剪力作用，需另设支托
	A 级 B 级	1. 栓径与孔径间孔隙小，制造和安装较复杂，费料费工； 2. 能承受拉力和剪力	用于有较大剪力的安装连接
高强螺栓		1. 连接紧密； 2 受力好，耐疲劳； 3. 安装简单迅速，施工方便； 4. 便于养护和加固	广泛用于工业与民用建筑钢结构中，也可用于直接承受动力荷载的钢结构

表 16 – 5　各类焊接方法的特点和适用范围

焊接类别			特点	适用范围
电弧焊	手工焊	交流焊机	设备简单,操作灵活,可进行各种位置的焊接;是建筑工地应用最广泛的焊接方法	焊接普通钢结构
		直流焊机	焊接技术与交流焊机相同,成本比交流焊机高,但焊接时电弧稳定	焊接要求较高的钢结构
	埋弧自动焊		效率高,质量好,操作技术要求低,劳动条件好,宜于在工厂中使用	焊接长度较大的对接、贴角焊缝,一般是有规律的直焊缝
	半自动焊		与埋弧自动焊基本相同,操作较灵活,但使用不够方便	焊接较短的或弯曲的对接、贴角焊缝
	CO_2气体保护焊		用 CO_2 或惰性气体保护的光焊条焊接,可全位焊接,质量较好,焊时应避风	薄钢板和其他金属焊接
电渣焊			利用电流通过液态熔渣所产生的电阻热焊接,能焊大厚度焊缝	大厚度钢板、粗直径圆钢和铸钢等焊接
气压焊			利用乙炔、氧气混合燃烧的火焰熔融金属进行焊接,焊有色金属、不锈钢时需气焊粉保护	薄钢板、铸铁件、连接件和堆
接触焊			利用电流通过焊件时产生的电阻热焊接,建筑施工中多用于对焊、点焊	钢筋对焊、钢筋网点焊、预埋件焊接
高频率焊			利用高频电阻产生的热量进行焊接	薄壁钢管的纵向焊缝

16.3.1　焊接接头及焊缝形式

焊缝连接是现代钢结构最主要的连接方式,适用于任何形状的结构,连接构造简单,省钢省工,能实现自动化操作,但焊接质量受材料、操作影响较大。建筑钢结构焊接时应考虑以下问题:焊接方法的选择应考虑焊接构件的材质和厚度、接头的形式和焊接设备;焊接工艺及作业程序;焊接质量检验。

焊缝连接常用的有三种形式:电弧焊、电阻焊及气焊。电弧焊是工程中应用最普遍的焊接形式。

16.3.2　手工电弧焊

手工电弧焊又称焊条电弧焊,是最普遍的熔化焊焊接方法。它是利用电弧产生的高温、高热量进行焊接的。

1. 电焊机
电焊机主要有交流弧焊机和直流弧焊机。

2. 焊条
焊条供手工电弧焊用,由焊芯和药皮组成。焊条的表示方法(如 E4303、E5015):"E"代表焊条,前两位数字"43"和"50"表示焊缝金属的抗拉强度等级(430 MPa 和 500 MPa),第三位数字代表焊接的位置,最后一位数字表示药皮类型适用于何种电源,如图 16 – 34 所示。

图 16 – 34　交流弧焊机、直流弧焊机和焊条

3. 焊接接头与坡口

电弧焊分为手工电弧焊与自动或半自动电弧焊。根据焊件的厚度、使用条件、结构形状的不同又分为对接接头、角接接头、T 形接头和搭接接头等形式,见表 16 – 6。在各种形式的接头中,为了提高焊接质量,较厚的构件往往要开坡口。开坡口的目的是保证电弧能深入焊缝的根部,使根部能焊透,以便清除熔渣,获得较好的焊缝形态。常用的对接接头的坡口形式如图 16 – 35 所示。

表 16 – 6　焊接接头形式

序号	名称	图示	接头形式	特点
1	对接接头		不开坡口 Y、X、U 形坡口	应力集中较小,有较高的承载力
2	角接接头		不开坡口	适用厚度在 8 mm 以下
			Y 形坡口	适用厚度在 8 mm 以下
			卷边	适用厚度在 2 mm 以下
3	T 形接头		不开坡口	适用厚度在 30 mm 以下不受力构件
			U 形坡口	适用厚度在 30 mm 以上的只承受较小剪应力构件
4	搭接接头		不开坡口	适用厚度在 30 mm 以下的钢板
			塞焊	适用双层钢板的焊接

按施焊的空间位置分,焊缝形式可分为平焊缝、横焊缝、立焊缝和仰焊缝四种,如图 16 – 36 所示。平焊的熔滴靠自重过渡,平焊易操作,劳动条件好,质量稳定,生产率高,焊缝质量易保证;横焊时,熔化金属由于重力容易下淌而使焊缝上侧产生咬边,下侧产生焊瘤或未焊透等缺陷;立焊焊缝成型更加困难,易产生咬边、焊瘤、夹渣、表面不平等缺陷;仰焊施工最为困难,施焊时易出现未焊透、凹陷等质量问题。立焊、横焊和仰焊施焊困难,应尽量避免。

焊接前应根据焊接部位的形状、尺寸、受力的不同,选择合适的接头类型。

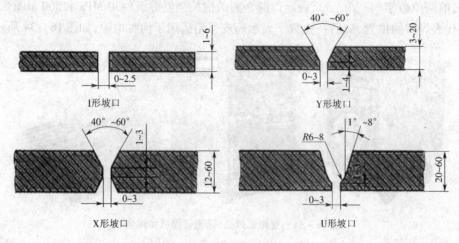

图 16-35　对接接头的坡口形式

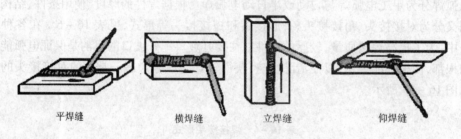

图 16-36　空间焊缝形式

4. 焊接工艺参数的选择

手工电弧焊的焊接工艺参数有焊条直径、焊接电流、电弧电压、焊接层数、电源种类及极性等。

(1)焊条直径:根据焊件厚度、接头形式、焊缝位置和焊接层次来选择。

(2)焊接电流:根据焊条的类型和直径、焊件的厚度、接头形式、焊缝空间位置等因素来考虑,其中焊条直径和焊缝空间位置最为关键。

(3)电弧电压:根据电源特性,由焊接电流决定相应的电弧电压。此外,电弧电压还与电弧长有关。

(4)焊接层数:视焊件的厚度而定。除薄板外,一般都采用多层焊,如图 16-37 所示。每层焊缝的厚度过大,对焊缝金属的塑性有不利影响,施工中每层焊缝的厚度不应大于 4 ~ 5 mm。

5. 焊接准备

焊前准备包括坡口制备、预焊部位清理、焊条烘干和预热、预变形及高强度钢切割表面探伤等。

焊条、焊剂使用前必须烘干。一般酸性焊条的烘焙温度为 75 ~ 150 ℃,时间为 1 ~ 2 h;碱性低氢型焊条的烘焙温度为 350 ~ 400 ℃,时间为 1 ~ 2 h。烘干的焊条应放在 100 ~ 150 ℃的保温箱内,低氢型焊条在常温下超过 4 h 应重新烘焙,重复烘焙的次数不宜超过两次。焊条烘焙时,应注意随箱逐步升温。

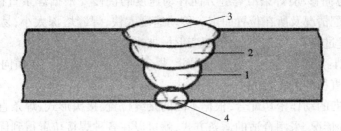

图 16-37　多层焊的焊缝和焊接顺序

6. 焊接施工

1）引弧

引弧有碰击法和滑擦法两种,如图 16-38 所示。碰击法是将焊条垂直于工件进行碰击,然后迅速保持一定距离;滑擦法是将焊条端头轻轻滑过工件,然后保持一定距离。施工中,严禁在焊缝区以外的母材上打火引弧。在坡口内引弧的局部面积应熔焊一次,不得留下弧坑。

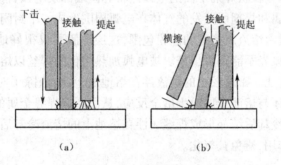

图 16-38　引弧方法

（a）碰击法　（b）滑擦法

2）运条方法

电弧点燃之后,就进入正常的焊接过程。焊接过程中焊条同时有以下三个方向的运动,如图 16-39 所示。

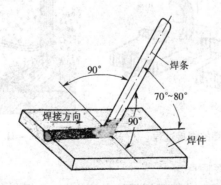

图 16-39　平焊焊条角度和运条基本动作

（1）沿其中心线向下送进:由于焊条被电弧熔化逐渐变短,为保持一定的弧长,就必须使焊条沿其中心线向下送进,否则会发生断弧。

（2）沿焊缝方向移动:焊条沿焊缝方向移动速度的快慢要根据焊条直径、焊接电流、工件厚度和接缝装配情况及所在位置而定。移动速度太快,焊缝熔深太小,易造成未透焊;移动速度太慢,焊缝过高,工件过热,会引起变形增加或烧穿。

（3）横向摆动:为了获得一定宽度的焊缝,焊条必须横向摆动。在横向摆动时,焊缝的宽度一般是焊条直径的1.5倍左右。

以上三个方向的动作密切配合,根据不同的接缝位置、接头形式、焊条直径和性能、焊接电流、工件厚度等情况,采用合适的运条方式,就可以在各种焊接位置得到优质的焊缝。

3）完工后的处理

焊接结束后的焊缝及两侧,应彻底清除飞溅物、焊渣和焊瘤等。无特殊要求时,应根据焊接接头的残余应力、组织状态、熔敷金属含氢量和力学性能决定是否需要焊后热处理。

16.3.3 埋弧自动焊

埋弧自动焊简称埋弧焊(图16-40至图16-43),是电弧在焊剂层下燃烧,用机械自动引燃电弧并进行控制,自动完成焊丝的送进和电弧移动的一种电弧焊方法。焊丝与焊件之间燃烧的电弧使埋在颗粒状焊剂下面的电弧热将焊丝端部及电弧直接作用的母材和焊剂熔化并使部分蒸发,金属和焊剂所蒸发的气体在电弧周围形成一个封闭空腔,电弧在这个空腔中燃烧。空腔被一层由熔渣所构成的渣膜包围,这层渣膜不仅很好地隔绝了空气和电弧与熔池的接触,而且使弧光不能辐射出来。被电弧加热熔化的焊丝以熔滴的形式落下,与熔融母材金属混合形成熔池。密度较小的熔渣浮在熔池之上,熔渣除了对熔池金属的机械保护作用外,焊接过程中还与熔池金属发生冶金反应,从而影响焊缝金属的化学成分。电弧向前移动,熔池金属逐渐冷却后结晶形成焊缝。浮在熔池上的熔渣冷却后,形成渣壳可继续对高温下的焊缝起保护作用,避免被氧化。

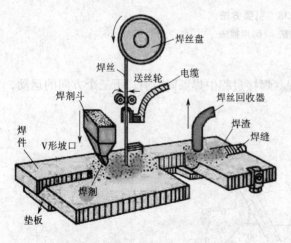

图16-40 埋弧自动焊的焊接过程

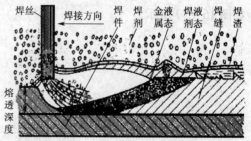

图16-41 埋弧焊时焊缝的形成

埋弧自动焊有以下焊接特点。

（1）焊接生产率高:埋弧自动焊所用焊接电流大,加上焊剂和熔渣的隔热作用,热效率高,熔深大,单丝埋弧焊在焊件不开坡口的情况下,一次可熔透20 mm;焊接速度高,以厚度8～10 mm的钢板对接焊为例,单丝埋弧焊速度可达50～80 cm/min,手工电弧焊则不超过10～13 cm/min。

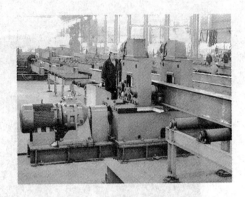

图 16-42　埋弧自动焊机　　　　　　　图 16-43　电脑自动埋弧焊生产线

（2）焊接质量好：焊剂和熔渣的存在不仅防止空气中的氮、氧侵入熔池，而且熔池较慢凝固，使液态金属与熔化的焊剂间有较长时间的冶金反应，减少了焊缝中产生气孔、裂纹等缺陷的可能性；焊剂还可以向焊缝渗合金，提高焊缝金属的力学性能；另外焊缝成型美观。

（3）劳动条件好：焊接过程的机械化操作显得更为便利、烟尘少，而且没有弧光辐射，劳动条件得到改善；由于埋弧焊采用颗粒状焊剂，一般仅适用于平焊位置，其他位置的焊接则需采用特殊措施，以保证焊剂能覆盖焊接区。埋弧自动焊主要适用于低碳钢及合金钢中厚板的焊接，是大型焊接结构生产中常用的一种焊接技术。

（4）适应能力差，只能在水平位置焊接长直焊缝或大直径的环焊缝。

16.3.4　CO_2 气体保护焊

气体保护焊是利用气体作为保护介质的一种电弧熔焊方法。它依靠保护气体在电弧周围造成局部的保护层，以防止有害气体的侵入，这样就保证了焊接过程的稳定性，从而获得高质量的焊缝。用作保护气体的有 CO_2、氩气、氢气、氮气、氦气等，目前应用最多的是 CO_2 和氢气。气体保护焊应用比较广泛，特别是在合金钢、有色金属及其合金的焊接中应用最多，还可用于厚板窄间隙的焊接，不论钢板厚度多大，接头的坡口均采用 10～15 mm 的间隙。

CO_2 气体保护焊是以 CO_2 作为保护气体，依靠焊丝和焊件之间产生的电弧来熔化金属的一种焊接，如图 16-44 所示。施焊时焊缝被 CO_2 气体保护，故焊缝金属纯度高、性能好，焊接加热集中，焊件变形小，电弧稳定性好，在小电流时电弧也能稳定燃烧，是一种高效率、低成本的焊接方法。其缺点是焊缝熔深浅，只适合于焊接厚度小于 6 mm 的薄板，CO_2 的纯度要求不低于 99.5 %，否则会降低焊缝的机械性能和产生气孔。

16.3.5　焊接质量检查

由于焊缝连接受材料、操作影响很大，施工后应进行认真的质量检查。钢结构焊缝质量检查分为三级，检查项目包括外观检查、超声波探伤以及 X 射线探伤等。所有焊缝均应进行外观检查，检查其几何尺寸和外观缺陷。焊缝感观应达到：外形均匀、成型较好，焊道与焊道、焊道与基本金属间过渡较平滑，焊渣和飞溅物基本清除干净，焊缝表面不得有裂纹、焊瘤等缺陷。一级、二级焊缝不得有表面气孔、夹渣、弧坑、裂纹、电弧擦伤等缺陷。且一级焊缝不得有咬边、未焊满、根部收缩等缺陷。设计要求全焊透的一、二级焊缝应采用超声波探伤

图 16 – 44　CO_2 气体保护焊和逆变式 CO_2 气体保护焊机

进行内部缺陷的检验,超声波探伤不能对缺陷作出判断时,应采用 X 射线探伤。

16.4　钢结构的紧固件连接

钢结构的紧固件连接包括普通螺栓、高强度螺栓、射钉、自攻钉、拉铆钉的紧固连接,表 16 – 7 为钢结构常用连接方式对比。钢结构发展方向为工厂构件焊接、工地节点螺栓连接。

表 16 – 7　钢结构常用连接方式对比

连接方法	优　点	缺　点
焊接	对焊件几何形体适应性强,构造简单,省材省工,工效高,连接连续性强,可达到气密和水密要求,节点刚度大	对材质要求高,焊接程序严格,质量检验工作量大、要求高;存在有焊接缺陷的可能,产生焊接应力和焊接变形,导致材料脆化,对构件的疲劳强度和稳定性产生影响;一旦开裂则裂缝开展较快,对焊工技术等级要求较高
铆接	传力可靠,韧性和塑性好,质量易于检查,抗动力性能好	费钢、费工,开孔对构件截面有一定削弱
普通螺栓连接	装拆便利,设备简单	粗制螺栓不宜受剪,精制螺栓加工和安装难度较大,开孔对构件截面有一定削弱
高强螺栓连接	加工方便,可拆换,能承受动力荷载,耐疲劳,塑性、韧性好	摩擦面处理及安装工艺略为复杂,造价略高,对构件截面削弱相对较小,质量检验要求高
射钉、自攻钉	安装方便,构件无须预先处理,适用于轻钢、薄板结构	不能承受较大集中力

16.4.1　螺栓连接的类型

螺栓作为钢结构连接紧固件,通常用于构件间的连接、固定、定位等。钢结构中的连接螺栓一般分为普通螺栓和高强度螺栓两种。采用普通螺栓或高强度螺栓而不施加紧固力,该连接即为普通螺栓连接;采用高强度螺栓并对螺栓施加紧固力,该连接即为高强度螺栓连接。

图 16-45 为两种螺栓连接工作机理的示意图。普通螺栓连接在受外力后,节点连接板即产生滑动,外力通过螺栓杆受剪和连接板孔壁承压来传递,如图 16-45(a)所示。摩擦型高强度螺栓连接,通过对高强度螺栓施加紧固轴力,将被连接的连接钢板夹紧产生摩擦效应,受外力作用时,外力靠连接板层接触面间的摩擦来传递,应力流通过接触面平滑传递,无应力集中现象,如图 16-45(b)所示。

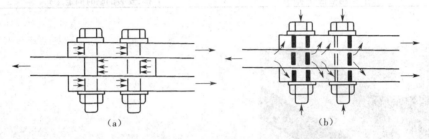

图 16-45　螺栓连接工作机理示意图
(a)普通螺栓连接　(b)高强度螺栓摩擦连接

螺栓按照性能等级分为 3.6、4.6、4.8、5.6、5.8、6.8、8.8、9.8、10.9、12.9 等十个等级,其中 8.8 级以上螺栓材质为低碳合金钢或中碳钢并经热处理(淬火、回火)通称为高强度螺栓,8.8 级以下(不含 8.8 级)通称为普通螺栓。螺栓性能等级标号由两部分数字组成,分别表示螺栓的公称抗拉强度和材质的屈强比。如性能等级 4.6 级的螺栓,第一部分数字(4.6 中的"4")为螺栓材质公称抗拉强度(MPa)的 1/100,第二部分数字(4.6 中的"6")为螺栓材质屈服比的 10 倍,两部分数字的乘积(4×6 = "24")为螺栓材质公称屈服点(MPa)的 1/10。

螺栓连接的优点:施工简单,装拆方便,对安装工的要求高;摩擦型高强度螺栓连接动力性能好;耐疲劳,易阻止裂纹扩展 。

螺栓连接的缺点:费料、开孔截面削弱;螺栓孔加工精度要求高。

16.4.2　普通螺栓连接

1. 普通螺栓的种类

螺栓按质量和产品等级分为 A、B、C 三种,见表 16-8。A 级螺栓通称为精制螺栓,B 级螺栓通称为半精制螺栓,C 级螺栓通称为粗制螺栓。钢结构用连接螺栓,除特殊注明外,一般均为普通粗制 C 级螺栓。A、B 级螺栓适用于连接部位需传递较大剪力的重要结构的安装,C 级螺栓适用于钢结构安装中的临时固定。双头螺栓又称螺柱,多用于连接厚板和不便使用六角螺栓连接的地方,如混凝土屋架、屋面梁、悬挂单轨梁和吊挂件等,如图 16-46 和图 16-47 所示。

表 16-8　普通六角螺栓连接

	精制螺栓	粗制螺栓
代号	A 级和 B 级	C 级
强度等级	5.6 级和 8.8 级	4.6 级和 4.8 级

续表

	精制螺栓	粗制螺栓
加工方式	车床上经过切削而成	单个零件上一次冲成
加工精度	螺杆与栓孔直径之差为 0.25~0.5 mm	螺杆与栓孔直径之差为 1.5~3 mm
抗剪性能	好	较差
经济性能	价格高	价格经济
用途	构件精度很高的结构(机械结构),在钢结构中很少采用	沿螺栓杆轴受拉的连接,次要的抗剪连接,安装的临时固定

图 16-46　梁柱节点的螺栓连接

(a)　　　　　　　　(b)

图 16-47　连接螺栓

(a)六角螺栓　(b)双头螺栓

地脚螺栓分为一般地脚螺栓和异形地脚螺栓(直角地脚螺栓、锤头螺栓和锚固地脚螺栓),如图 16-48 所示。一般地脚螺栓和直角地脚螺栓是浇筑混凝土基础时,预埋在基础之中用以固定钢柱的,如图 16-49 所示。锤头螺栓是基础螺栓的一种特殊形式,一般在混凝土基础浇筑时将特制模箱(锚固板)预埋在基础内,用以固定钢柱。锚固地脚螺栓是在已成形的混凝土基础上经钻机制孔后,再浇筑固定的一种地脚螺栓。

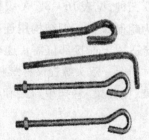

图 16-48　一般地脚螺栓和异形地脚螺栓　　　　图 16-49　钢柱与基础的地脚螺栓连接

2.普通螺栓的施工

1)连接要求

普通螺栓在连接时应符合下列要求：

(1)永久螺栓的螺栓头和螺母的下面应放置平垫圈,垫置在螺母下面的垫圈不应多于2个,垫置在螺栓头部下面的垫圈不应多于1个；

(2)螺栓头和螺母应与结构构件的表面及垫圈密贴；

(3)对于槽钢和工字钢翼缘之类倾斜面的螺栓连接,则应放置斜垫片垫平,以使螺母和螺栓的头部支承面垂直于螺杆,避免螺栓紧固时螺杆受到弯曲力；

(4)永久螺栓和锚固螺栓的螺母应根据施工图纸中的设计规定,采用有防松装置的螺母或弹簧垫圈；

(5)对于动荷载或重要部位的螺栓连接,应在螺母的下面按设计要求放置弹簧垫圈；

(6)各种螺栓连接,从螺母一侧伸出螺栓的长度应保持在不小于两个完整螺纹的长度。

2)紧固轴力

普通螺栓连接对螺栓紧固轴力没有要求,因此螺栓的紧固施工以操作者的手感及连接接头的外形控制为准。为了使连接接头中螺栓受力均匀,螺栓的紧固次序应从中间开始,对称向两边进行；对大型接头应采用复拧,即两次紧固方法,保证接头内各个螺栓能均匀受力。普通螺栓连接螺栓紧固检验比较简单,一般采用锤击法。用质量为3 kg的小锤,一手扶螺栓头(或螺母),另一手用锤敲,要求螺栓头(螺母)不偏移、不颤动、不松动,紧固程度性用塞尺检查,对接表面高差(不平度)不应超过0.5 mm,锤声比较干脆；否则说明螺栓紧固质量不好,需要重新紧固施工

16.4.3　高强度螺栓的施工

1.高强度螺栓的种类

高强度螺栓连接已经发展成为与焊接并举的钢结构主要连接形式之一。它具有受力性能好、耐疲劳、抗震性能好、连接刚度大、施工简便等优点,被广泛地应用在建筑钢结构和桥梁钢结构中。

高强度螺栓连接按其受力状况,可分为摩擦型连接、摩擦－承压型连接、承压型连接和张拉型连接等几种类型,其中摩擦型连接是目前广泛采用的基本连接形式。

摩擦型连接接头处用高强度螺栓紧固,使连接板层夹紧,利用由此产生于连接板层之间接触面间的摩擦力来传递外荷载。高强度螺栓在连接接头中不受剪只受拉,并由此给连接件之间施加了接触压力,这种连接应力传递圆滑、接头刚性好,通常所指的高强度螺栓连接就是这种摩擦型连接,其极限破坏状态即为连接接头滑移。

承压型高强度螺栓连接接头,当外力超过摩擦阻力后,接头发生明显的滑移,高强度螺栓杆与连接板孔壁接触并受力,这时外力靠连接接触面间的摩擦力、螺栓杆剪切及连接板孔壁承压三方共同传递,其极限破坏状态为螺栓剪断或连接板承压破坏。这种连接承载力高,可以利用螺栓和连接板的极限破坏强度,经济性能好,但连接变形大,可应用在非重要的构件连接中。

1)高强度六角头螺栓

钢结构用高强度大六角头螺栓(图16－50)分为8.8和10.9两种等级,一个连接副为一个螺栓、一个螺母和两个垫圈。高强度螺栓连接副应为同批制造,保证扭矩系数稳定,同

批连接副扭矩系数平均值为0.110~0.150,扭矩系数标准偏差不大于0.010。

　2)扭剪型高强度螺栓

　钢结构用扭剪型高强度螺栓(图16-51和图16-52),一个螺栓连接副为一个螺栓、一个螺母和一个垫圈,适用于摩擦型连接的钢结构。

图16-50　大六角头高强螺栓

图16-51　扭剪型高强度螺栓

图16-52　南京大胜关长江大桥高强度螺栓终拧

2. 高强度螺栓施工的机具

1) 手动扭矩扳手

高强度螺栓以手动紧固时,要使用有标明扭矩值的扳手,以达到高强度螺栓连接副规定的扭矩和剪力值。常用的手动扭矩扳手有指针式、音响式和扭剪型三种,如图 16-53、图 16-54 和图 16-55 所示。

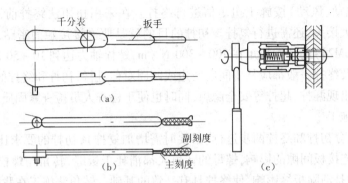

图 16-53　手动扭矩扳手
(a)指针式　(b)音响式　(c)扭剪型

图 16-54　音响式扭矩扳手

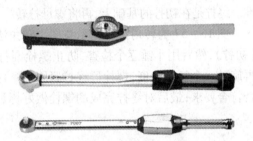

图 16-55　德国 Wera 可调控扭矩扳手

2) 电动扳手

定扭矩、定转角电动扳手适用于大六角头高强度螺栓的紧固,可自动控制扭矩和转角,适用于钢结构桥梁、厂房建设安装大六角头高强度螺栓施工的初拧、终拧和扭剪型高强度螺栓的初拧。扭剪型电动扳手适用于扭剪型高强度螺栓的终拧紧固,常用的扭剪型电动扳手有 6922 型和 6924 型(图 16-56)两种。

图 16-56　电动扳手
(a)6924 型扭剪扳手　(b)电动扭剪扳手　(c)扭矩电动扳手

3. 高强度螺栓的施工

1）六角高强度螺栓

Ⅰ.扭矩法施工

对六角高强度螺栓连接副来说，当扭矩系数 K 确定之后，由于螺栓的预拉力 P 是由设计规定的，则螺栓应施加的扭矩值 m 就容易计算确定，根据计算确定的施工扭矩值，使用扭矩扳手（手动、电动、风动）按施工扭矩值进行终拧。在采用扭矩法终拧前，应首先进行初拧，对螺栓多的大接头，还需进行复拧。初拧的目的就是使连接接触面密贴，一般常用规格螺栓（M20,M22,M24）的初拧扭矩在 200～300 N·m，螺栓轴力达到 10～50 kN 即可。

初拧、复拧及终拧一般都应从中间向两边或四周对称进行，初拧和终拧的螺栓都应做不同的标记，避免出现漏拧、超拧等安全隐患，同时也便于检查人员检查紧固质量。

Ⅱ.转角法施工

转角法施工分初拧和终拧两步进行（必要时需增加复拧），初拧的要求比扭矩法施工要严，因为受起初连接板间隙的影响，螺母的转角大都消耗于板缝，转角与螺栓轴力关系不稳定。初拧的目的是消除板缝影响，使终拧具有一致的基础。转角法施工在我国已有 30 多年的历史，但对初拧扭矩尚没有一定的标准，各个工程根据具体情况确定。一般来讲，对于常用螺栓（M20,M22,M24），初拧扭矩定在 200～300 N·m 比较合适，初拧应该使连接板缝密贴为准。终拧是在初拧的基础上，再将螺母拧转一定的角度，使螺栓轴向力达到施工预拉力。

图 16-57 为转角法施工示意图。转角法施工步骤为：从螺栓群中心顺序向外拧紧螺栓（初拧），然后用小锤逐个检查，防止螺栓漏拧，对螺栓逐个进行画线，再用专用扳手使螺母再旋转一个额定角度，螺栓群终拧紧固的顺序与初拧相同；终拧后逐个检查螺母旋转角度是否符合要求；最后对终拧完成的螺栓做好标记，以备检查。

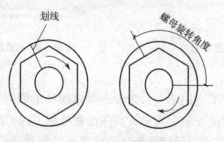

图 16-57　转角法施工示意图

2）扭剪型高强度螺栓

扭剪型高强度螺栓连接副紧固施工比大六角头高强度螺栓连接副紧固施工要简便得多，正常的情况采用专用的电动扳手进行终拧，先将扳手内套筒套入梅花头上，再轻压扳手，再将外套筒套在螺母上；按下扳手开关，外套筒旋转，使螺母拧紧、切口拧断；关闭扳手开关，将外套筒从螺母上卸下，将内套筒中的梅花头顶出，梅花头拧掉标志着螺栓终拧的结束，如图 16-58 所示。

为了减少接头中螺栓群间相互影响及消除连接板面间的缝隙，紧固也要分初拧和终拧两个步骤进行，对于超大型的接头还要进行复拧。扭剪型高强度螺栓连接副的初拧扭矩可适当加大，一般初拧螺栓轴力可以控制在螺栓终拧轴力值的 50%～80%，对常用规格的高强度螺栓（M20,M22,M24）初拧扭矩可以控制在 400～600 N·m，若用转角法初拧，初拧角度控制在 45°～75°，一般以 60°为宜。

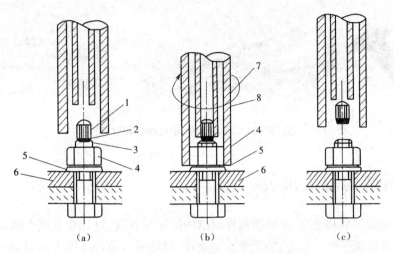

图 16 - 58　扭剪型高强度螺栓紧固过程

（a）紧固前　（b）紧固中　（c）紧固后

1—梅花头；2—断裂切口；3—螺栓；4—螺母；5—垫圈；
6—被紧固的构件；7—扳手外套筒；8—扳手内套筒

4. 高强度螺栓的保管及现场取样复验

1）高强度螺栓的保管

高强度螺栓的包装、运输、现场保管过程，始终要保持它的出厂状态，直到安装使用前才能开箱检查使用，以防止连接副的扭矩系数（K）发生变化，这是高强度螺栓保管的一项重要内容。

2）高强度螺栓的现场取样复验

扭剪型高强度螺栓和大六角头高强度螺栓出厂时应随箱带有扭矩系数和紧固轴力（预拉力）的检验报告。

连接面抗滑移系数复验：高强度螺栓按每验收批抽取 3 组试件。预拉力复验：扭剪型高强螺栓每验收批抽取 8 套。

扭矩系数复验：大六角头高强度螺栓每验收批抽取 8 套。

16.4.4　自攻螺栓、钢拉铆钉、射钉连接简介

连接薄钢板用的自攻螺栓、钢拉铆钉、射钉（图 16 - 59、图 16 - 60 和图 16 - 61）等，其规格尺寸与连接钢板相匹配，紧固密贴，其间距和边距符合设计要求。

图 16 - 59　气动拉铆钉、枪特重型
双把拉铆枪和射钉枪

图 16 - 60　自攻螺栓和平头型射钉
（带斜角金属角片）

图 16 –61　自攻螺栓、钢拉铆钉和射钉

16.5　钢结构的预拼装

为保证安装的顺利进行,应根据构件或结构的复杂程度、设计要求或合同协议规定,在构件出厂前进行预拼装。另外,由于受运输条件、现场安装条件等因素的限制,大型钢结构件不能整件出厂,必须分成两段或若干段出厂时,也要进行预拼装。预拼装一般分为立体预拼装和平面预拼装两种形式,除管结构为立体预拼装外(图 16 – 62),其他结构一般均为平面预拼装(图 16 – 63)。预拼装所用的支承凳或平台应测量找平,检查时应拆除全部临时固定架和拉紧装置,预拼装的构件应处于自由状态,不得强行固定。预拼装时,构件与构件的连接形式为螺栓连接,其连接部位的所有节点连接板均应装上,除检查各部位尺寸外,还应用试孔器检查板叠孔的通过率,并应符合下列规定:当采用比孔公称直径小 1.0 mm 的试孔器检查时,每组孔的通过率不应小于 85%;当采用比螺栓公称直径大 0.3 mm 的试孔器检查时,通过率应为 100%。节点的各部件在拆开之前必须予以编号,作出必要的标记。预拼装检验合格后,应在构件上标注上下定位中心线、标高基准线、交线中心点等标记,必要时焊上临时撑件和定位器等,以便于根据预拼装的状况进行最后安装。

图 16 – 62　钢管桁架的工厂预拼装

图 16 – 63　平面桁架的工厂预拼装

16.6　钢网架安装

钢网架适用于大跨度结构,如飞机库、体育馆、展览馆等。建筑工程中常用的为平板型钢网架结构。钢网架根据其结构形式和施工条件的不同,可选用高空拼装法、整体安装法或高空滑移法进行安装。

网架结构广泛用作大跨度的屋盖结构,特点是汇交于节点上的杆件数量较多,制作安装较平面结构复杂。网架结构节点有焊接球、螺栓球(图 16 – 64)和钢板节点三种形式。网架的基本单元有三角锥、三棱体、正方体、截头四角锥等,可组合成平面形状的任何形体。

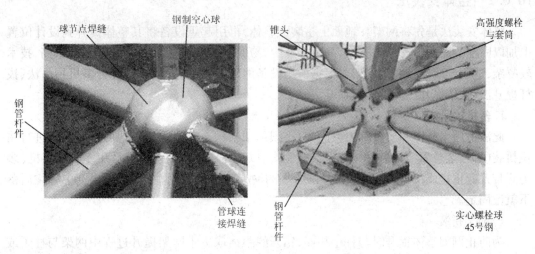

图 16 – 64　焊接球节点和钢制实心螺栓球节点示意图

16.6.1　高空拼装法

钢网架用高空拼装法进行安装如图 16 – 65 和图 16 – 66 所示,是先在设计位置处搭设拼装支架,然后用起重机把网架构件分件(或分块)吊至空中的设计位置,在支架上进行拼装。此法有时不需大型起重设备,但拼装支架用量大、高空作业多。因此,对高强度螺栓连接的、用型钢制作的钢联方网架或螺栓球节点的钢管网架较适宜,目前仍有一些钢网架用此法施工。

图 16 – 65　落地支架拼装网架

图 16 – 66　网架高空拼装施工

16.6.2　整体安装法

整体安装法是先将网架在地面上拼装成整体,再用起重设备将其整体提升到设计位置上加以固定。此法不需拼装支架,高空作业少,易保证焊接质量,但对起重设备要求高,技术较复杂,适用于球节点的钢网架。根据所用设备的不同,整体安装法又分为多机抬吊法、拔杆提升法、整体提升法及千斤顶顶升法等。

1. 多机抬吊法

此法适用于高度和质量都不大的中、小型网架结构。安装前先在地面上对网架进行错位拼装(即拼装位置与安装轴线错开一定距离,以避开柱子的位置),然后用多台起重机(多为履带式起重或汽车式起重机)将拼装好的网架整体提升到柱顶以上,再空中移位后落下就位固定。

1) 网架拼装

为防止网架整体提升时与柱子相碰,错开的距离取决于网架提升过程中网架与柱子或柱子牛腿之间的净距,一般不得小于 100～150 mm,同时要考虑网架拼装的方便和空中移位时起重机工作的方便。需要时可与设计单位协商,将网架的部分边缘杆件留待网架提升后再焊接,或变更部分影响网架提升的柱子牛腿。钢网架在金属结构厂加工之后,将单件拼成小单元的平面桁架或立体桁架运至工地,工地拼装即在拼装位置将小单元桁架拼成整个网架。工地拼装所用的临时支柱可为小钢柱或小砖墩(顶面做 100 mm 厚的细石混凝土找平层)。临时支柱的数量和位置,取决于小单元桁架的尺寸和受力特点。为保证拼装网架的稳定,每个立体桁架小单元下设 4 个临时支柱。此外,在框架轴线的支座处必须设临时支柱,待网架全部拼装和焊接之后,框架轴线以内的各个临时支柱先拆除,整个网架就支承在周边的临时支柱上。为便于焊接,框架轴线处的临时支柱高约 80 cm,其余临时支柱的高度按网架的起拱要求相应提高。

网架拼装的关键是控制好网架框架轴线支座的尺寸(要预放焊接收缩量)和起拱要求。网架的尺寸根据柱轴线量出(要预放焊接收缩量),标在临时支柱上。网架焊接主要是球体与钢管的焊接。一般采用等强度对接焊,为安全起见,在对焊处增焊 6～8 mm 的贴角焊缝。管壁厚度大于 4 mm 的焊件,接口宜做成坡口。为使对接焊缝均匀和钢管长度可稍调整,可加用套管。拼装时先装上、下弦杆,后装斜腹杆,待两榀桁架间的钢管全部放入并校正后,再逐根焊接钢管。

2) 网架吊装

中、小型网架多用四台履带式起重机(或汽车式、轮胎式起重机)抬吊。如网架质量较小,或四台起重机的起质量都满足要求时,宜将四台起重机布置在网架两侧(图 16-67),这样只要四台起重机同时回转即完成网架空中移位的要求。多机抬吊的关键是各台起重机的起吊速度一致,否则有的起重机会超负荷,网架受扭,焊缝开裂。为此,起吊前要测量各台起重机的起吊速度,以便起吊时掌握。当网架抬吊到比柱顶标高高出 300 mm 左右时,进行空中移位,将网架移至柱顶之上。网架落位时,为使网架支座中线准确地与柱顶中线吻合,事先在网架四角各拴一根钢丝绳,利用捯链进行对线就位。四机抬吊作业如图 16-68 至图16-71 所示。

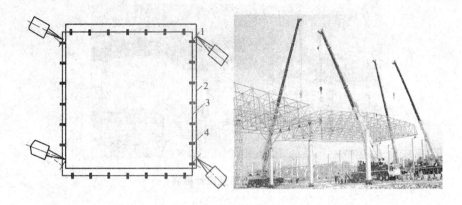

图 16-67　四机抬吊网架

1—起重机;2—网架拼装位置;3—网架安装位置;4—柱子

图 16-68　吊车准备

图 16-69　起吊

2. 拔杆提升法

球节点大型钢管网架的安装,可用拔杆提升法。施工时,网架宜先在地面上错位拼装,然后用多根独脚拔杆将网架整体提升到柱顶以上,再空中移位、落位安装即可,如图 16-72 所示。

1)起重设备的选择与布置

起重设备的选择与布置是网架拔杆提升施工中的一个重要问题。施工内容包括:拔杆

图 16-70　吊至设计标高

图 16-71　安装就位

图 16-72　拔杆提升法示意图

选择与吊点布置、缆风绳与地锚布置、起重滑轮组与吊点索具的穿法、卷扬机布置等。拔杆的选择取决于其所承受的荷载和吊点布置。网架吊点的布置不仅与吊装方案有关,还与提升时网架的受力性能有关。在网架提升过程中,不但某些杆件的内力可能会超过设计时的计算内力,而且对某些杆件还可能引起内力符号改变而使杆件失稳。因此,应经过网架吊装验算来确定吊点的数量和位置。一般来说,在起重能力、吊装应力和网架刚度满足的前提下,应当尽量减少拔杆和吊点的数量。缆风绳的布置,应使多根拔杆相互连成整体,以增加整体稳定性。每根拔杆至少要有 6 根缆风绳(有平缆风绳与斜缆风绳之分,用平缆风绳将几根拔杆连成整体)。地锚要可靠,缆风绳的地锚可合用。

缆风绳要根据风荷载、吊重、拔杆偏斜、缆风绳初应力等,按最不利情况组合后计算选择。地锚亦需计算确定。卷扬机的规格,要根据起重钢丝绳的内力大小确定。为减少提升差异,尽量采用相同规格的卷扬机。起重用的卷扬机宜集中布置,以便于指挥和缩短电气线路。校正用的卷扬机宜分散布置,以便就位安装。

2)轴线控制

网架拼装支柱的位置,应根据已安装好的柱子的轴线精确量出,以消除基础制作与柱子安装时轴线误差的积累。柱子安装后若先灌浆固定,应选择阳光、温差影响最小的时刻测量柱子的垂直偏差,绘出柱顶位移图,再结合网架的制作误差来分析网架支座轴线与柱顶轴线吻合的可能性和纠正措施。

如柱子安装后暂不灌浆固定,则网架提升前将 6 根控制柱先校正灌浆固定,待网架吊上去对准 6 根控制柱的轴线后,其他柱顶轴线则根据网架支座轴线来校正,并抢吊柱间梁,以增加柱子的稳定性,然后再将网架落位固定。

3)拔杆拆除

网架吊装后,拔杆被围在网架中,宜采用倒拆法拆除。于网架上弦节点处挂两副起重滑轮组吊住拔杆,然后由最下一节开始逐一拆除拔杆。

3. 整体提升法和顶升法

利用电动螺杆提升机或顶升千斤顶,将在地面原位拼装好的钢网架整体提升或顶升至设计标高,如图 16 –73 和图 16 –74 所示。

图 16 –73　整体提升法示意图　　　　图 16 –74　千斤顶顶升法示意图

16.6.3　高空滑移法

网架屋盖近年来采用高空平行滑移法施工的逐渐增多,它尤其适用于影剧院、礼堂等大空间工程。这种施工方法,网架多在建筑物前厅顶板上设拼装平台进行拼装(亦可在观众厅看台上搭设拼装平台进行拼装),待第一个拼装单元(或第一段)拼装完毕,即将其下落至滑移轨道上,用牵引设备(多用人力绞磨)通过滑轮组将拼装好的网架向前滑移一定距离;接下来在拼装平台上拼装第二个拼装单元(或第二段),拼好后连同第一个拼装单元(或第一段)一同向前滑移,如此逐段拼装不断向前滑移,直至整个网架拼装完毕并滑移至就位位置。拼装好网架的滑移,可在网架支座下设滚轮,使滚轮在滑动轨道上滑动,亦可在网架支座下设支座底板,使支座底板沿预埋在钢筋混凝土框架梁上的预埋钢板滑动,如图16-75所示。

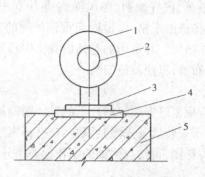

图16-75　钢板滑动支座
1—球节点;2—杆件;3—支座钢板;4—预埋钢板;5—钢筋混凝土框架梁

网架滑移可用卷扬机或手动葫芦牵引。根据牵引力大小及网架支座之间的系杆承载力,可采用一点或多点牵引,牵引速度不宜大于1.0 m/min。网架滑移时,两端不同步值不应大于50 mm。采用滑移法施工网架时,在滑移和拼装过程中,对网架应进行下列验算:

(1)当跨度中间无支点时,验算杆件内力和跨中挠度值;

(2)当跨度中间有支座时,验算杆件内力、支点反力和挠度值;

(3)当网架滑移单元由于增设中间滑轨引起杆件内力变号时,应采取临时加固措施以防失稳。

按滑移方式可分为逐条滑移法和逐条累积滑移法两种;按摩擦方式可分为滚动式滑移和滑动式滑移两种。

工程实例:北京五棵松体育馆屋顶结构为双向正交桁架体系,跨度为120 m×120 m,26榀钢桁架支撑于沿建筑物四周布置的20根混凝土柱上,柱顶标高为+29.3 m,采用三组平行滑道和累积滑移的安装工艺,滑移总质量3 300 t,滑移距离120 m。五棵松体育馆屋盖桁架逐条累积滑移法施工现场如图16-76至图16-79所示。

图16-76　五棵松体育馆屋盖桁架逐条累积滑移法施工

图 16-77　馆外拼装胎架

图 16-78　滑移施工中

图 16-79　滑道、树状支撑及爬行机器人

16.7　钢结构门式刚架吊装

采用钢结构的门式刚架，广泛应用于工业厂房中。与型钢屋架相比，它具有结构构造简

单、安装速度快、造价低等优点,如图 16－80 所示。门式刚架一般跨度较大、坡度陡、侧向刚度小、容易变形,因此施工安装前应选择合理的吊装方案。目前,国内经常采用的吊装方案有:半榀刚架就地平拼,单机安装或双机抬吊安装,同时合龙;半榀刚架在基础上立拼,单机扳起,同时合龙;两个半榀刚架在基础上组装,双机或多机整榀扳起等。

图 16－80　门式刚架示意图

　　本节主要介绍一种吊装方案:用半榀平拼、单机吊装、同时合龙的方案吊装门式刚架,如图 16－81 和图 16－82 所示。

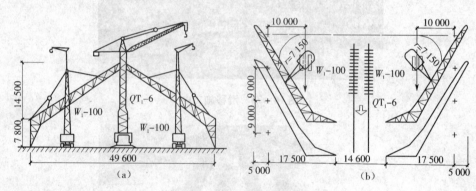

图 16－81　门式刚架吊装
(a)吊装情况　(b)构件平面布置

　　塔式起重机的作用是吊装临时工作台,用于高空对铰,同时进行刚架中间部位的檩条、支撑等的吊装。履带式起重机宜增设鹅头架以扩大屋盖构件的吊装范围。半榀刚架就位位置,应根据履带式起重机的回转半径和场地条件而定。履带式起重机的开行路线距建筑物纵轴线 10 m,即正好在半榀刚架的重心位置处,如图 16－81 所示。要正确选择门式刚架的绑扎点,由于门式刚架上弦节点极易变形,如绑扎点选择不当,在扶直和起吊过程中刚架会产生很大的变形。图 16－82 所示的门式刚架绑扎方法,是用四点扶直(上、下弦各两点)、两点起吊、钩头滑动的绑扎方法。这种绑扎方法的特点是:上、下弦两吊点的吊索用滑轮穿过,以便扶直时旋转;同时使钩头吊索套在滑轮上,以适应从扶直过渡到吊升时钩头位置的变化,并用保险索拉住,以免滑过。绑扎刚架中,刚架扶直时钩头的投影位置处于柱脚 A 和刚架重心 G(需事先经计算求出)连线的延长线与刚架斜臂中线的交点 O 之上,吊点左右基

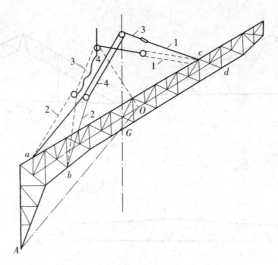

图 16 - 82　半榀刚桁架门式刚架绑扎示意图

本上对称。这样在刚架扶直时斜臂就水平地均匀离地,半榀刚架能绕柱脚扶直。同时,在扶直过程中钩头上滑,使刚架吊升时钩头能处于刚架重心线之上。在刚架吊装过程中,钩头高度、吊索长度和吊索内的拉力,均按刚架吊直状态进行计算。

吊装时,左右两个半榀刚架同时起吊,待起吊到设计位置后,先将柱脚固定,然后人站在用塔式起重机吊着的临时工作台上安装固定两个半榀刚架用的顶铰销子。刚架吊装后,第一榀刚架用缆风绳临时固定(每半榀两侧各拉两根),待第二榀刚架吊装好后,先不要松吊钩,必须待装好全部檩条和水平支撑,同时进行刚架校正,使两榀刚架形成一个整体后再松去吊钩。从第三榀刚架开始,只要安装几根檩条临时固定刚架即可。刚架的校正,主要是校正刚架顶铰处和柱脚的中间、垂直于柱脚的横向轴线及刚架上弦的直线度。

16.8　轻型钢结构安装

轻型钢结构主要指由圆钢、小角钢和冷弯薄壁型钢组成的结构。其适用范围一般是檩条、屋架、刚架、网架、施工用托架等。其优点是结构轻巧,制作和安装可用较简单的设备,节约钢材,减少工程造价。轻型钢结构分为两类,一类是由圆钢和小角钢组成的轻型钢结构;另一类是由薄壁型钢组成的轻型钢结构。目前薄壁型钢采用较多。

16.8.1　圆钢、小角钢组成的轻型钢结构安装

1. 结构形式和构造要求

圆钢、小角钢组成的轻型钢结构,主要用于屋架、檩条和托架。

1)屋架

屋架的形式主要有三角形屋架、三铰拱屋架和梭形屋架,如图 16 - 83 所示。

三角形屋架用钢量较省,跨度为 9 ~ 18 m 时,用钢量为 4 ~ 6 t/m²,节点构造简单,制作、运输、安装方便,适用于跨度和吊车吨位不太大的中、小型工业建筑。

三铰拱屋架用钢量与三角形屋架相近,能充分利用圆钢和小角钢,但节点构造复杂,制作较费工。由于整体刚度较差,不宜用于有桥式吊车和跨度超过 18 m 的工业建筑中。

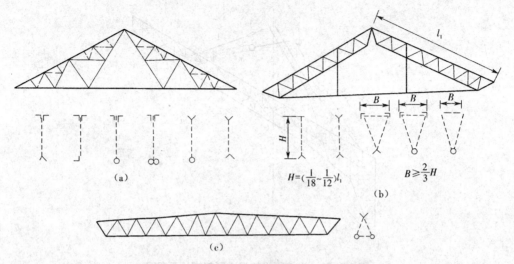

图 16 - 83　由圆钢与小角钢组成的轻型钢屋架
(a)三角形屋架　(b)三铰拱屋架　(c)梭形屋架

梭形屋架是由角钢和圆钢组成的空间桁架,属于小坡度的无檩屋盖结构体系。其截面重心低、空间刚度较好,但节点构造复杂、制作费工,多用于跨度为 9 ~ 15 m、柱距为 3.0 ~ 4.2 m 的民用建筑中。

2)檩条

檩条的形式有实腹式、空腹式和桁架式等。桁架式檩条制作比较麻烦,宜用于荷载和檩距较大的情况。轻型钢结构的桁架,应使杆件重心线在节点处交于一点,节点构造偏心对结构承载力影响较大,制作时应注意。

常用的节点构造如图 16 - 84 至图 16 - 86 所示。

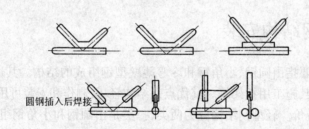

圆钢插入后焊接

图 16 - 84　圆钢和圆钢的连接构造

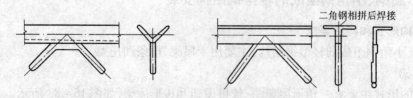

二角钢相拼后焊接

图 16 - 85　圆钢与角钢的连接构造

2. 制作和安装要点

(1)构件平整,小角钢和圆钢等在运输和堆放过程中容易发生弯曲和翘曲等变形,备料

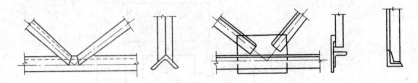

图 16 - 86　单肢角钢的连接构造

时应该平直整理,使其达到合格要求。

(2)圆钢筋弯曲,宜用热弯加工圆钢筋的弯曲部分,应在炉中加热至 900 ~ 1 000 ℃,从炉中取出锻打成型;也可用烘枪(氧炔焰)烘烤至上述温度后锻打成型。弯曲的钢筋腹杆(蛇形钢筋)通常以两节以上为一个加工单件,但也不宜太长,太长弯成的构件不易平整,太短会增加节点焊缝,小直径圆钢有时也用冷弯加工;较大直径的圆钢若用冷弯加工,曲率半径不能过小,否则会影响结构精度,并增加结构偏心。

(3)结构装配,宜用胎模以保证结构精度,杆件截面如为有三根杆件的空间结构(如棱形桁架),可先装配成单片平面结构,然后用装配点焊进行组合。

(4)结构焊接,宜用小直径焊条(2.5 ~ 3.5 mm)和较小电流进行。为防止发生未焊透和咬肉等缺陷,对用相同电流强度焊接的焊缝可同时焊完,然后调整电流强度焊另一种焊缝。用直流电机焊接时,宜用反极连接(即被焊构件接负极)。对焊缝不多的节点,应一次施焊完毕,中途停熄后再焊易发生缺陷,焊接次序宜由中央向两侧对称施焊。对于檩条等小构件可用固定夹具以保证结构的几何尺寸。

(5)安装要求,屋盖系统的安装顺序一般是屋架、屋架间垂直支撑、檩条、檩条拉条、屋架间水平支撑。檩条的拉条可增加屋面刚度,并传递部分屋面荷载,应先予张紧,但不能张拉过紧而使檩条侧向变形。屋架上弦水平支撑通常用圆钢筋,应在屋架与檩条安装完毕后拉紧。这类柔性支撑只有张紧才对增强屋盖刚度起作用。施工时,还应注意施工荷载不要超过设计规定。

16.8.2　冷弯薄壁型钢组成的轻型钢结构安装

冷弯薄壁型钢是指厚 2 ~ 6 mm 的钢板或钢带经冷弯或冷拔等方式弯曲而成的型钢,其截面形状分开口和闭口两类。钢厂生产的闭口截面是圆管形或矩形,冷弯的开口截面宜用高频焊焊接而成。冷弯薄壁型钢可用于制作檩条、屋架、刚架等轻型钢结构,能有效地节约钢材,制作、运输和安装亦较方便,目前应用较广。

1. 冷弯薄壁型钢结构的装配和焊接

冷弯薄壁型钢屋架的装配一般用一次装配法,其装配流程、拼装平台和焊接接头情况,如图 16 - 87 至图 16 - 89 所示。

为保证焊接质量,对薄壁截面焊接处附近的铁锈、污垢和积水要清除干净,焊条应烘干,并不得在非焊缝处的构件表面起弧或灭弧。薄壁型钢屋架节点的焊接,常因装配间隙不均匀而使一次焊成的焊缝质量较差,故可采用两层焊,尤其对冷弯型钢,因弯角附近的冷加工变形较大。焊后热影响区的塑性较差,对主要受力节点宜用两层焊,先焊第一层,待冷却后再焊第二层,不使构件过热,以提高焊缝质量。

2. 冷弯薄壁型钢构件校正

薄壁型钢及其结构在运输和堆放时应轻吊轻放,尽量减少局部变形。规范规定薄壁方

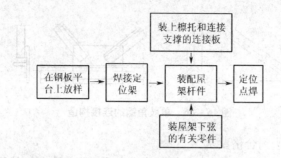

图 16 – 87　薄壁型钢屋架的装配过程

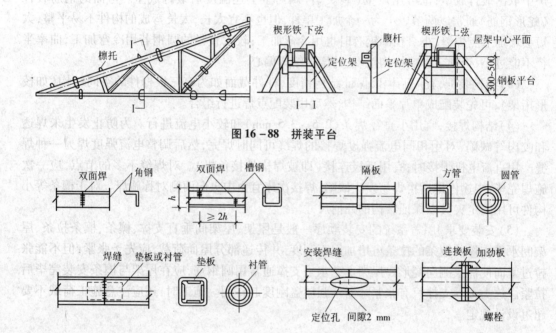

图 16 – 88　拼装平台

图 16 – 89　冷弯薄壁型钢的焊接接头

管的 $\delta/b \leqslant 0.01$（b 为局部变形的量测标距，取变形所在的截面宽度；δ 为纵向量测的变形值）。如超过此值，对杆件的承载力会有明显影响，且局部变形的校正也困难。采用撑直机或锤击调直型钢，或者在成品整理时，也要防止局部变形。整理时最好逐步顶撑调直，接触处应设垫模，宜在型钢弯角处加力。如用锤击方法整理，注意设锤垫。成品用火焰校正时，不宜浇水冷却。构件和杆件矫直后，挠曲矢高不应超过 $1/1\,000$，且不得大于 $10\,$mm。

3.冷弯薄壁型钢结构安装

冷弯薄壁型钢结构安装前要检查和校正构件相互之间的关系尺寸、标高和构件本身安装孔的关系尺寸，检查构件的局部变形。如发现问题，在地面预先校正或妥善解决，吊装时要采取适当措施防止产生过大的弯扭变形，应垫好吊索与构件的接触部位，以免损伤构件。不宜利用已安装就位的冷弯薄壁型钢构件起吊其他重物，以免引起局部变形，不得在主要受力部位加焊其他物件。安装屋面板之前，应采取措施保证拉条拉紧和檩条的正确位置，檩条的扭角不得大于 $30°$。

下面以轻型钢结构单层房屋的安装为例，简要说明冷弯薄壁型钢结构的安装方法。如

图 16-90 所示,轻型钢结构单层房屋主要由钢柱、屋盖细梁、檩条、墙梁(檩条)、屋盖和柱间支撑、屋面和墙面的彩钢板等组成。钢柱一般为 H 型钢,其通过地脚螺栓与混凝土基础连接,通过高强度螺栓与屋盖梁连接,连接形式有直面连接(图 16-91)或斜面连接。屋盖梁为工字形截面,根据内力情况亦可呈变截面,各段由高强度螺栓连接。屋面檩条和墙梁多采用高强镀锌彩色钢板辊压成型的 C 型或 Z 型檩条。檩条可由高强度螺栓直接与屋盖梁的翼缘连接。屋面和墙面多用彩钢板,是优质高强薄钢卷板(镀锌钢板、镀铝锌钢板)经热浸合金镀层和烘涂彩色涂层经机器辊压而成。其厚度有 0.5、0.7、0.8、1.0、1.2 mm 等几种,其表面涂层材料有普通双性聚酯、高分子聚酯、硅双性聚酯、金属 PVDF、PVF 贴膜、丙烯溶液等。轻钢结构单层房屋由于构件自重轻、安装高度不大,多利用自行式(履带式、汽车式)起重机安装。安装前与普通钢结构一样,亦需对基础的轴线、标高、地脚螺栓位置及构件尺寸偏差等进行检查。刚架梁如跨度大、稳定性差,为防止吊装时出现下挠和侧向失稳,可将刚架梁分成两段,一次吊装半榀,在空中对接。在有支撑的跨间,亦可将相邻两个半榀刚架梁在地面拼装成刚性单元进行一次吊装。轻钢结构单层房屋安装,可采用综合吊装法或个件吊装法。采用综合吊装法时,先吊装一个节间的钢柱,经校正固定后立即吊装刚架梁和檩条等。屋面彩钢板由于质量轻可在轻钢结构全部或部分安装完成后进行。

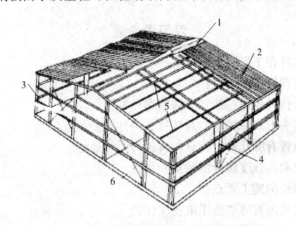

图 16-90 轻型钢结构单层房屋构造示意图

1—屋脊盖板;2—彩色屋面板;3—墙筋;4—钢刚架;5—C 型檩条;6—钢支撑

4. 冷弯薄壁型钢结构防腐蚀

防腐蚀是冷弯薄壁型钢加工中的重要环节,直接影响维修和使用年限。事实证明,如制造时除锈彻底、底漆质量好,一般的厂房冷弯薄壁型钢结构可 8~10 年维修一次,与普通钢结构相同。否则,容易腐蚀并影响结构的耐久性。闭口截面构件经焊接封闭后,其内壁可不做防腐处理。冷弯薄壁型钢结构必须进行表面处理,要求彻底清除铁锈、污垢及其他附着物。除锈方法有以下几种:

(1)喷砂、喷丸除锈,应除至露出金属灰白色为止,并应注意喷匀,不得有局部黄色存在;

(2)酸洗除锈,应除至钢材表面全部呈铁灰色为止,并应清除干净,保证钢材表面无残余;

(3)酸液存在,酸洗后宜做磷化处理或涂磷化底漆;

(4)手工或半机械化除锈,应除锈直至露出钢材表面为止。

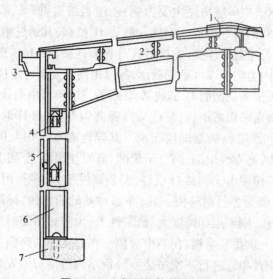

图16-91　轻型钢构件连接图

1—屋脊盖板;2—檩条;3—天沟;4—墙筋托板;5—墙面板;6—钢柱;7—基础

复习思考题

1. 简述钢结构构件在工厂制作包括哪些工艺过程。
2. 什么是钢结构构件生产的放样与号料?
3. 为什么要进行构件校正? 校正方法有哪几种?
4. 钢结构焊接接头形式有哪些? 对接接头为什么要留坡口?
5. 焊缝的空间位置有哪几种? 什么位置施焊质量最好?
6. 试述普通螺栓和高强度螺栓的种类和用途。
7. 试述高强度螺栓的施工要点。
8. 钢结构工程安装前有哪些施工准备工作?
9. 试述整体安装法的工艺流程。

参 考 文 献

[1]中华人民共和国建设部.GB 50202—2002 建筑地基基础工程施工质量验收规范[S].北京:中国计划出版社,2004.

[2]中华人民共和国建设部.GB 50203—2011 砌体结构工程施工质量验收规范[S].北京:中国建筑工业出版社,2012.

[3]中华人民共和国建设部.GB 50204—2002 混凝土结构工程施工质量验收规范[S].北京:中国建筑工业出版社,2002.

[4]中华人民共和国建设部.GB 50205—2001 钢结构工程施工质量验收规范[S].北京:中国计划出版社,2002.

[5]中华人民共和国建设部.GB 50207—2012 屋面工程质量验收规范[S].北京:中国建筑工业出版社,2012.

[6]中华人民共和国建设部.GB 50208—2011 地下防水工程质量验收规范[S].北京:中国建筑工业出版社,2012.

[7]中华人民共和国建设部.GB 50209—2010 建筑地面工程施工质量验收规范[S].北京:中国计划出版社,2010.

[8]中华人民共和国建设部.GB 50210—2001 建筑装饰装修工程质量验收规范[S].北京:中国标准出版社,2002.

[9]中华人民共和国建设部.GB 50010—2010 混凝土结构设计规范[S].北京:中国建筑工业出版社,2011.

[10]中华人民共和国建设部.GB 50011—2010 建筑抗震设计规范[S].北京:中国建筑工业出版社,2010.

[11]中华人民共和国建设部.JGJ 18—2012 钢筋焊接及验收规程[S].北京:中国建筑工业出版社,2012.

[12]中国建筑标准设计研究院.11G101—1 混凝土结构施工图平面整体表示方法 制图规则和构造详图(现浇混凝土框架、剪力墙、梁、板)[S].北京:中国建筑标准设计研究院,2011.

[13]中国建筑标准设计研究院.11G101—3 混凝土结构施工图平面整体表示方法 制图规则和构造详图(独立基础、条形基础、筏形基础及桩基承台)[S].北京:中国建筑标准设计研究院,2011.

[14]中华人民共和国建设部.JGJ 107—2010 钢筋机械连接技术规程[S].北京:中国建筑工业出版社,2010.

[15]中华人民共和国建设部.GB 50411—2007 建筑节能工程施工质量验收规范[S].北京:中国建筑工业出版社,2007.

[16]李斯.建筑工程施工工艺与新技术新标准应用手册[M].北京:电子工业出版社,2000.

[17]建筑施工手册编写组.建筑施工手册[M].4版.北京:中国建筑工业出版社,2003.

[18]姚谨英.建筑施工技术[M].4版.北京:中国建筑工业出版社,2012.

[19]李继业,邱秀梅.建筑装饰施工技术[M].北京:化学工业出版社,2010.

[20]邓寿昌,李晓目,刘在今,等.土木工程施工[M].北京:北京大学出版社,2006.

[21]程绪楷.建筑施工技术[M].北京:化学工业出版社,2009.

[22]李竹梅,赵占军,董颇.建筑装饰施工技术[M].北京:科学出版社,2006.

[23]瞿义勇.建筑装饰装修工程质量验收与施工工艺对照使用手册[M].北京:知识产权出版社,2007.

[24]《建筑装饰装修工程施工质量旁站监理手册》编写组.建筑装饰装修工程施工质量旁站监理手册[M].北京:机械工业出版社,2006

[25]徐占发.建筑节能技术实用手册[M].北京:机械工业出版社,2005.